U0141173

藍學堂

學習・奇趣・輕鬆讀

TRANSFORMED
Moving to the Product Operating Model

矽谷最夯

產品營運模式
轉型全書

像世界頂尖科技公司那樣運作
更快推出更有價值產品

MARTY CAGAN
馬提‧凱根 ——— 著　李芳齡 ——— 譯

目次

各界好評

「在後疫情世界中營運組織的每一位領導者都應該閱讀這本書，作者闡釋產品營運模式的所有層面，根據我個人在零售業和保健業經驗，我可以毫無保留地作證，這是公司向前邁進的一本重要參考指南。」

——普拉特·維馬納（Prat Vemana），
目標百貨公司（Target）數位與產品長

「馬提的前兩本著作及在 SVPG 的工作經驗，幫助他建立產品營運模式的標準，現在這本新作提供又一個強力指南，幫助公司精通產品概念，克服轉型時無可避免會遭遇的障礙，從產品營運模式的轉型實例中學習。任何試圖轉型為產品營運模式的公司都應該把本書當成值得信賴的資源。」

——泰勒·圖伊特（Tyler Tuite），車美仕公司（CarMax）產品長

「SVPG 了解大多數主管不了解的轉型知識，而且為了達成組織轉型，你必須體驗一次個人轉型，本書教你如何二者都達成。」

——布蘭登·沃夫齊科（Bredan Wovchko），
拉姆齊方案財務顧問公司（Ramsey Solutions）技術長

「如果你有勇氣轉型成為產品營運模式，或是想尋求轉型的勇氣，這本書是你的指路明燈。本書不僅了解為什麼你的組織應該轉型，也提供實行變革和驅動好結果的實用方法。馬提對迫切的疑問提供誠懇且

率直的建議，例如：如何克服組織中的反對與阻力，這些建議務實可行、也不可或缺。如果你曾經懷疑公司的創新能力，或是公司能否在技術成長飛速的年代保持競爭力，這是一本必讀之作。」

——梅莉莎‧柯恩（Melissa Cohen），

速貸公司（Rocket Mortgage）產品高級總監

「如果你覺得組織必須進化成產品營運模式，本書就是你的必讀之作。本書秉持馬提一致的風格，率直地道出要轉型為這種營運模式的理由、執行方式，以及過程中什麼人會面臨什麼挑戰、如何克服它們。本書讀起來流暢、有理有據，而且你將會一再回頭參考這本指南。」

——尚恩‧波伊爾（Shawn Boyer），goHappy Labs 創辦人暨執行長

「馬提擁有世界級產品團隊的經驗，深度與廣度無人能及。許多公司仍然無法一致地打造具有高影響力的軟體產品，而本書為此提供一條實用的途徑。這條途徑並非只是採用一個訂定目標的神奇戰術，或是推出一種流行的軟體開發流程。本書提出一種更全面、在真實世界中奏效的方法，涵蓋組織設計、策略、文化、領導及持續改善等層面。」

——施瑞雅斯‧道許（Shreyas Doshi），

前線上支付服務商 Stripe、推特（Twitter）、谷歌（Google）、

雅虎（yahoo）等公司產品領導者

「SVPG 教會我們，產品營運模式如何讓所有公司交付更好的服務給顧客，現在，本書將教我們如何在公司釋放這股力量——不論公司處於什麼產業、打造什麼產品、過去使用什麼管理方法。有了這本書，現在我們全都有了把事業轉型成頂尖產品打造者所需要的路徑圖。」

——麥克·牛頓（Michael Newton），科利安培植皮革公司（Qorium）
執行長、前耐吉公司（Nike）產品副總

「對於那些想從功能開發工廠轉型成世界級產品組織、為顧客交付無
可匹敵的價值，並因此取得競爭優勢的主管，本書是最棒的資源。」
——蜜雪兒·隆麥爾（Michelle Longmire），
臨床試驗平台美德實（Medable）執行長

「如今，技術是大多數成功企業的動力，這本實用指南正是給想轉型
為產品營運模式的公司。馬提精湛地揭開轉型之旅的神祕面紗，結合
辛苦獲得的洞察和引人入勝的案例研究，使本書不僅能做為轉型路徑
圖，也能鼓舞人心。我見過無數組織為了轉型艱苦搏鬥，我可以很有
信心地說，本書是組織等待已久的燈塔，是任何渴望利用技術力量來
驅動事業前進者的必讀之作。」
——麥克·費雪（Mike Fisher），前藝市（Esty）技術長

「如果你想了解產品至上對企業的重要性，本書必讀。對於還未採行
產品營運模式的公司，或是打造產品非其職責的主管，本書是引領入
門的指南。」
——麥特·布朗（Matt Brown），澳汰爾工程公司
（Altair Engineering, Inc.）財務長

「馬提及 SVPG 團隊再度推出佳作，他們直接應用好案例及面對問題
的特有風格，創作出這本經典指南，幫助公司應付轉型為產品營運模

式所遭遇的路障與陷阱，任何想要轉型之旅更成功的主管團隊都應該閱讀的。」

——安尼希・比希曼尼（Anish Bhimani），
摩根大通銀行（JP Morgan Chase）商業銀行產品長

「實行本書提供的洞察能為你節省難以計量的金錢、時間與耐心。從平庸組織轉型成頂尖組織的過程中將遭遇種種常見的錯誤與型態，馬提及其團隊推出系列著作就是用來應付這些問題，本書也是其一。我希望每一個董事會、執行長及產品團隊都要閱讀本書。」

——安努爾・查普爾（Anuar Chapur），
皇宮公司（The Palace Company）技術副總

「成功轉型的要素太多了，本書為你提供所需的一切，包括：執行長與董事會層級的寶貴觀點、持續整合與持續部署之類的重要技術要素、全組織如何有效地合作打造產品等，可以說本書是邁向成功的途徑。」

——湯瑪斯・弗瑞戴爾（Thomas Fredell），
保健業新創公司 ShiftKey 產品長

「打造令顧客喜愛、同時也為事業帶來好效益的優異產品很難。轉型成持續不斷地探索及交付優異產品的組織更難。2019 年結識馬提，也閱讀他的著作《矽谷最夯・產品專案管理全書》，開啟了我身為產品領導者的旅程——把組織從平凡乏味的功能開發工廠轉型成授權賦能的組織。SVPG 的合夥人克里斯提安・艾迪奧迪（Christian Idiodi）在 2020 年為我們舉辦一場研習營，加快了這一轉型流程，領導公司邁向指數型成長，不但在疫情期間蓬勃發展，在疫情後更具競爭力。本書

簡潔有力地闡釋使事業成功轉型成產品營運模式、然後擴展規模的重要原理及要素。」

——羅尼・瓦希斯（Ronnie Varghese），Almosafer 數位長

「對於有興趣學習如何成功地推行及維持產品營運模式的公司領導者，這是一本必讀之作。本書不僅解密頂尖科技公司內部的運作模式，也提供如何推動數位轉型的詳盡方法，並展示多家各產業公司的實例。我相信，本書將成為世界各地組織推動產品轉型必要的變革管理指南。」

——胡安・羅培茲（Juan D. Lopez），
藍色起源航太公司（Blue Origin）產品管理總監

「想要取悅顧客、提高營收與獲利、吸引及留住優秀人才的執行長與產品長都應該閱讀及應用本書，本書將改變一切。」

——菲爾・泰瑞（Phyl Terry），
Collaborative Gain 創辦人暨執行長

「本書是成功推動數位轉型全面且實用的指南，為公司提供有關成功轉型的全貌及如何做的藍圖。不論是正在推動轉型的企業，或是任何有志做到最佳營運模式的公司，這都是一本必讀之作。」

——嘉柏麗・布夫瑞姆（Gabrielle Bufrem），產品教練

「許多公司投入龐大的時間與金錢嘗試轉型，但往往收效甚微，本書展示轉型的可能性、成功樣貌，以及可能導致轉型行動脫軌的原因。

我終於有一本書可以推薦給指導教練，讓我清楚且務實地解釋我們正在行進的旅程。」

——安德魯・史柯茲科（Andrew Skotzko），產品領導教練暨顧問

「如果你的組織想仿效頂尖科技公司那樣創新，你必須閱讀這本書。我也為自己所有的客戶購買此書了。」

——菲利浦・卡斯楚（Felipe Castro），OutcomeEdge 創辦人

「你是否好奇是什麼因素使得 Stripe、Slack、蘋果（Apple）之類的公司出類拔萃？這就是產品營運模式——一種有別於傳統流程的動態架構。本書告訴身為主管或產品領導者的你，擁抱此模式原理就是擁抱頂尖產品公司對於創造產品的信念。開發產品沒有放之四海皆準的方法，但你的策略方向必須融入組織結構，由技術、設計及產品領導者提供基本策略情境，並致力於教導團隊成員。學習加快價值交付，使被賦權團隊處理需要解決的問題，而不只是專注於打造產品功能。馬提擁有二十多年的轉型經驗，為灌輸信任、創新與調適力提供了實用的指南，現在就帶領你的組織踏上下一個層次的旅程。」

——馬可斯・凱斯騰佛斯（Marcus Castenfors），
Crisp AB 合夥人暨產品教練、《全面產品探索》
（*Holistic Product Discovery*）一書合著者

推薦序

企業落實數位轉型的三大變革關鍵

詹文男
數位轉型學院共同創辦人暨院長
臺灣大學商學研究所兼任教授

在研發法人擔任產業顧問輔導產業及在大學 EMBA 學程教授數位轉型多年，深知企業轉型之不易，因為轉型不僅需要面對複雜的總體環境、嚴酷的市場競爭，更須有自我變革的認知與勇氣，挑戰非常之大，也因此多數的轉型個案都以失敗告終。

不過，轉型雖不易，但不轉型下場恐怕更糟，因而學術及顧問界許多轉型理論與書籍紛紛出籠，希望能提供企業界做策略上的指引。而讀者手中的這本《矽谷最夯・產品營運模式轉型全書》應是最具參考價值的實務框架及解決方案。

作者馬提・凱根及其合夥人透過他們在矽谷多年深耕於產品管理的經驗，為讀者提供了一條實踐轉型的路徑，特別適合那些希望突破現有模式、並在技術驅動時代保持競爭力的企業。作者指出，轉型並非一蹴可幾，特別是對於那些已經習慣了傳統運作模式的企業來說。轉型需要企業上上下下的全力配合，從領導層到基層員工都必須接受並實行一系列的變革。

書中內容強調，轉型的核心在於三大變革，首先要改變的是產品

的打造方式。從傳統大規模發布，轉向小規模、頻繁的發布模式，以快速驗證產品、縮短上市時間，並靈活應對市場需求，提升產品穩定性和更新效率。

其次，要改變解決問題的方式。從功能導向轉型為問題導向，產品團隊被賦予解決顧客實際需求的責任。同時透過產品探索快速測試解決方案，確保產品既有市場價值又技術可行，並促進跨職能合作。

最後是要改變決策的方式。從上層主導轉向數據驅動的決策，產品團隊根據數據與市場回饋做出決策，聚焦資源於最具價值的機會，確保每個決策都有明確的商業成果。

在本書中作者更強調了「執行長」的角色，他必須是「領導變革者」，支持並推動產品模式的轉型。要知道轉型不僅是技術部門的變革，更牽涉到銷售、行銷、人力資源、財務等所有部門，執行長的態度直接影響公司內其他高層主管和員工對轉型的認同與積極性。執行長也必須作為轉型的「福音傳播者」，向全公司傳達這一模式的重要性，並確保變革得以持續進行。

整體而言，此書以務實的框架與實踐案例，展示了產品營運模式轉型的全貌及有效的操作指南，無論是技術型企業，還是傳統產業，應該都可以從中獲得高度的啟發。

擁抱產品營運模式，打造軟體時代的致勝思維

游舒帆 Gipi
商業思維學院院長

　　大約在 2020 年前後，我與許多從事軟體開發的朋友討論過台灣軟體產業的發展現狀。儘管台灣有許多軟體公司，但整體產業進步的速度卻相對緩慢。有朋友問我對此的看法，我的回答是：「多數軟體公司以專案開發或解決方案為主，但真正專注於軟體產品的公司屈指可數。」

　　為什麼我會刻意將專案型公司和產品型公司區分開來呢？

　　主要原因在於，專案型公司強調透過客製化開發來滿足每個客戶的需求。每個客戶的需求都是獨特的，專案型公司幾乎什麼都能做，但程式碼的重用性很低，開發和維護成本都很高。從商業角度看，這當然是一門可行的生意，但卻無法享有軟體行業的獨特優勢——即一次開發，能夠被成千上萬的客戶使用。

　　相比之下，產品型公司的思路完全不同。他們不會試圖解決所有問題，而是專注於解決某個值得解決的問題，並針對特定的客群來設計產品。這使得產品型公司能夠真正享受到軟體行業的規模經濟效益。

　　想起不久前，Google 前執行長艾力克・施密特（Eric Schmidt）曾

評論台灣的軟體產業：「台灣的軟體一團糟。」對此，我的看法是，台灣有不少優秀的軟體人才，技術水準也相當高，但真正專注於產品型軟體的公司實在太少了。

專案型公司的運作方式難以規模化，利潤較低，而且在銷售和服務過程中依賴大量人工，跨國管理複雜度也高，難以有效擴展到全球市場。當軟體只能服務台灣 2,300 萬人，卻無法進軍國際市場時，其成長空間自然十分有限，也難以在全球軟體市場中占有一席之地。

那麼，為什麼台灣的軟體公司大多習慣以接案為主要商業模式呢？我認為這與台灣長期以來的代工思維密切相關。

代工思維的核心在於「客戶要什麼，我們就給什麼」，需求完全圍繞客戶的具體要求展開。這種代工思維曾是台灣早期商業成功的重要因素，卻也成了台灣在打造品牌與自有產品路上的最大障礙。

當企業用代工思維來做軟體，他們無法精確地鎖定目標客群，也無法預先布局市場需求，這導致企業經常處於被動等待的狀態。在這種情況下，如何在快速變動的軟體產業中存活？又如何主動出擊，應對全球市場的激烈競爭？

我認為，唯有從代工思維轉變為產品思維，從專案型公司轉型為產品型公司，台灣才有機會在軟體時代勝出。

馬提・凱根在新書中提到的「產品模式」（Product Model），正是經營產品型公司所需要的管理觀念。

首先，要改變看待事物的方式，尤其是如何看待市場與目標客戶。找出值得解決的關鍵問題，並持續服務你的目標客群，而不是試圖解決所有人的問題。有時候，雖然眼前的客戶可能帶來短期收益，但如

果他們並非你的目標客群，接受這樣的訂單反而可能使你偏離既定路徑，最終背棄了真正需要你產品的目標客戶。

其次，要改變管理過程，將重點放在資產的持續累積上。專注於同一群客戶，持續改進產品，讓一支團隊長期投入在同一個產品上，以便知識和經驗能夠累積。同時，使用一套相對固定的開發方法來提升生產效率與品質，這也是資產累積的一部分。工作的核心不應該只是交付，而應該是持續改善。

最後，要改變領導方式，讓產品負責人、產品經理、設計師與技術主管各司其職，而非一人包辦所有工作，其他人僅是執行者。要相信團隊，賦予他們權限，鼓勵他們提出建議，發揮專業才能，共同邁向產品願景，打造優秀的產品。

如果你正在打造產品，或計畫從專案型公司轉型為產品型公司，我相信這本書將會給你帶來許多啟發。希望更多人讀完這本書後，開始用正確的方式來打造產品。

靠右開車到靠左開車

王志仁
《數位時代》總編輯

　　一位過去在創投業有亮眼成績的朋友，提到當年他們公司在挑選新創的標準，可簡化為一個矩陣：技術新舊在 X 軸左右，市場新舊在 Y 軸上下，如此劃出「新技術／新市場」、「新技術／舊市場」、「舊技術／新市場」和「舊技術／舊市場」這四塊。

　　從結論講，他們最喜歡「新技術／舊市場」和「舊技術／新市場」這兩塊，因為風險明確可以計算投資回報。「新技術／新市場」的失敗率太高，需要很長時間驗証；「舊技術／舊市場」幾乎無風險，但也缺少想像空間。

　　近年在新冠疫情和生成式 AI 這類讓全世界「關機重啟」的事件愈來愈頻繁地發生後，創業者和研究人員也被推向尋找「新技術／新市場」的更高風險路上，期待解決更大的問題。以類神經網路促成機器學習研究，得到今年諾貝爾物理獎的學者暨 Google 前顧問傑佛瑞・辛頓（Geoffrey Hinton），以及以 AI 模擬蛋白質結構得到化學獎的 DeepMind 創辦人戴米斯・哈薩比斯（Demis Hassabis），都是例子。

　　企業則被鼓勵向新創取經，學習「敏捷」（Agile）、「精實創業」

（Lean Startup）、小步快跑（Pivot）和迭代更新（iteration）等做法，相關術語如 POC（Proof of Concept，概念驗證）、MVP（Minimum Viable Product，最小可行性產品）和 TAM（Total Addressable Market，整體潛在市場）等，也成為內部各種專案溝通時的流行語。

新創要經過許多考驗，才能長大為企業，而企業要保有競爭力，則需維持新創的彈性，應對變化而轉型。要怎麼轉？轉變市場、商業模式、組織架構還是工作流程？這些都可能是。本書提出「產品營運模式」（Product Operating Model），重點在於不管是那一種轉型專案，目標是對齊產品，產品是公司與客戶和市場溝通的核心，以此為中心，其他再跟著調整。

書中梳理了多種轉型的類別、原則、做法及案例。最後還整理從董事會到管理階層，不同部門之間到基層人員，包含客戶和合作夥伴，對於轉型過程可能會有的疑慮和異議，非常適合當參考書。

其中提到的 Adobe 案例讓我印象深刻。最早他們家的產品是裝在紙盒子裡放在店內貨架上賣，用戶主要是設計人士，買回去後先將軟體安裝在電腦上，才能做美術設計和排版。當網際網路和智慧型手機普及後，更多非設計人員也有修圖排版做報告的需求，而且不限定在固定的設備上使用。為此 Adobe 展開多次轉型，成為在雲端提供軟體服務的公司，使用者只要輸入帳號和密碼，也可在不同設備上使用，大幅增加便利性，用戶數從原先的 600 萬人成長為 2,600 萬人。

轉型過程需要打破慣性，必然伴隨痛苦和風險。作者一開始就比喻，如同靠右開車改為靠左開車，不只駕駛座和方向盤換位子而已。不過，借用新創圈的慣常用語：不冒風險，才是最大風險。

本書獻給布魯斯‧威廉斯（Bruce Williams，1950-2016），

他鼓勵我、給我信心，促使我離開為其他公司領導產品

開發工作的舒適區，創立 SVPG。

傑出的布魯斯除了致力於改善無數人的生活之外，

還是任何人一生中都期盼結識的益友。布魯斯提供我一切所需，

從辦公室到設計、銷售、行銷、出版、財務等領域的專家建議，

以及其他各種不計其數的幫助。

沒有布魯斯，我大概仍然是某家公司的產品領導者，

沒有機會撰寫書籍或享受我在 SVPG 體驗到

以往難以想像的生活品質。感謝他鼓勵我做出此生最好的職涯抉擇。

但願所有人在人生中都夠幸運地擁有一位布魯斯‧威廉斯。

第1篇

序論

本書有三大目標：

第一、我們想教育你，產品營運模式（product operating model）究竟是什麼，以及如何建立這樣的營運模式。

第二、我們想用詳細的成功轉型案例來說服你，轉型雖然困難，但絕對有可能把你的公司轉型為產品營運模式。

第三、我們想用幾個優異的產品創新案例來激勵你，向你展示一旦成功轉型，你的公司能夠達成什麼成就。

首先，我們討論為何撰寫本書，及其與之前出版的兩本著作——《矽谷最夯 · 產品專案管理全書》、《矽谷最夯 · 產品專案領導力

全書》──的關連性。

　　然後，我們列出公司全心投入時間及努力來推動轉型的主要理由。接著，我們敘述一種十分常見的典型轉型行動，這種轉型行動通常落得司空見慣的結果：失望的結果。

　　我們必須讓你務實地了解成功轉型涉及什麼領域、需要做哪些準備。許多人會告訴你，轉型很容易，只要雇用人手來幫忙就行了。但是，事實跟這些說法大相逕庭。

　　不過，很重要的一點是，我們也必須說服你相信轉型的成功機率還是很大。我們想讓你了解，一旦你公司發展出轉型的新技能，你可以用它來做什麼。

　　最後，我們處理一個兩難的困境：一方面，你知道公司必須改變，但另一方面，公司裡未必有使用過這種營運模式的領導者。

第 1 章

本書為誰而寫？

本書是為那些正幫助公司轉型為產品營運模式的所有人而寫，包括：

- 試圖轉型為產品營運模式的產品團隊成員；
- 試圖引導自家公司經歷轉型過程的產品領導者；
- 想了解轉型為產品模式涉及什麼領域，再決定他們是否要為此作出行動，以及在轉型中如何提供協助的公司高階主管，特別是執行長及財務長；
- 受到產品模式影響，因此想學習如何有建設性地參與其中的各部門主管、利害關係人及員工；
- 想幫助公司成功轉型為產品模式的產品教練。

一個很常見的疑問是：「我們不是科技公司，產品模式適用我們的組織嗎？」

這是一個普遍存在的疑惑。當我們在書中提到「科技公司」時，並非指公司賣的產品，而是指公司驅動其事業的方式。

特斯拉（Tesla）賣車子，網飛（Netflix）賣娛樂，谷歌賣廣告，愛

彼迎（Airbnb）賣度假住宿，亞馬遜（Amazon）起初賣書，現在幾乎什麼都賣。所以，科技公司的差別不在於賣什麼，而是一家公司如何設計和打造賣的產品，以及如何營運自家事業。

產品營運模式適用於相信可以運用技術來驅動事業的公司，時至今日，這模式涉及近乎各行各業的廣泛業務。

本書跟我們的前著——《矽谷最夯 ‧ 產品專案管理全書》、《矽谷最夯 ‧ 產品專案領導力全書》——有何關聯？

《矽谷最夯 ‧ 產品專案管理全書》分享頂尖產品團隊使用產品營運模式的最佳實務與方法，《矽谷最夯 ‧ 產品專案領導力全書》則是分享頂尖產品領導者使用哪些最佳實務與方法，為團隊提供在產品營運模式中成功與茁壯所需要的環境。

但是，我們最常被問到的是：「我們公司的運作方式跟書中所描述的模式不同，在這種情況下，我們公司有可能轉型為產品模式嗎？要如何改變？」

本書的目的就是要回答這個疑問。

過去二十年，任職 SVPG 的我們幫助許多公司經歷這些變革。我們的觀察是，有些公司（大多是創立於網際網路時代的新興公司）從創立初始就是採行技術驅動型產品模式，對他們而言，這是相當自然的運營方式。但是，世上不計其數的公司對我們描述的這種營運模式卻很陌生。

一位執行長如此形容轉型為產品模式的體驗：「從原本行駛於道路的右邊，改為行駛於道路的左邊，不過，轉變是漸進的。」

這些公司知道，他們必須轉型才能在賦能技術快速變化的時代競

爭，但也發現需要的變革程度相當大，而且絕非易事。

如果你讀過我們的前兩本著作，你應該知道產品模式的要素，但那兩本書並未說明如何對公司的營運方式作出必要改變。

如果你還沒有讀過我們著作，本書提供必要的產品模式概念，提供你所需的基礎知識。

第 2 章

何謂產品營運模式？

不幸的是，科技業在統一術語（行話）方面做得並不好，相同的概念往往有不同的詞彙，甚至有時候同一個詞彙有不同的定義。我們不喜歡推出新詞彙，所以必須先釐清書中重要概念的含義。

我們使用最根本的概念是「產品營運模式」，在此必須清楚定義它。這個詞彙不是我們發明的，據我們所知，有些頂尖產品公司使用這個詞彙，更多的公司則是使用簡稱：產品模式（product model）。

產品營運模式不是一種流程，甚至不是單一一種工作方式，而是基於一套第一性原理（first principles）的概念模型，頂尖產品公司奉行這些原理，例如：實驗是必要過程、創新比可預測性更為重要。

在本書中，「產品營運模式」一詞是指我們發現那些頂尖產品公司一致使用的營運方式。

基本上，產品營運模式是一致地打造令你的顧客喜愛、但同時也為你的事業帶來好效益的技術驅動型解決方案。從財務的角度來說，這種模式是要充分利用你的技術投資來獲得最大回報。

這裡必須強調一點，**沒有單一一種打造產品的最佳方式**，後文對

此有更多解釋，不過現在必須讓你先知道，打造產品的好方式很多，但壞方式更多。

在此也要指出我們在每本著作中都會強調的一點：**你在本書中讀到的內容都不是我們發明的**。我們只是把在頂尖產品公司裡觀察到的事寫出來，不過也不是全部觀察都寫出來，只聚焦於我們認為的共同主題和第一性原理。所以，我們其實是扮演策展人暨福音傳播者的角色。

產品營運模式有時被稱為「產品導向公司」（product-led company）或「以產品為中心的公司」（product-centric company），我們不喜歡這些詞彙，因為它們往往會產生不好的副作用，隱含由產品組織接管一切。同樣地，雖然產品營運模式是顧客導向公司（customer-driven company）的一種，但這個詞彙已經被誤用和濫用到了失去實質意義的地步。

更麻煩的一種概念術語是所屬公司原本使用的模式。你公司現行採用的營運模式是什麼模式呢？這點主要被下一句話所影響：在公司現行模式下，誰是真正操控方向盤的駕駛人？

在許多公司裡，當人們提出申請與要求時，你經常會聽到他們提及「業務」，這些公司的營運模式通常被稱為「IT 模式」（IT model），他們常這麼說：「IT 的存在是為了服務公司的業務」。

IT 模式的近親是「專案模式」（project model），在這種模式中，通常根據專案性質來分配經費和配置人員，所以財務長扮演關鍵角色。

如果操控方向盤的駕駛人是利害關係人，通常被稱為「功能團隊模式」（feature-team model），由每個利害關係人決定他們的功能路徑

圖。如果操控方向盤的駕駛人是銷售部門，你通常會聽到「銷售導向產品」（sales-driven product）一詞；如果操控方向盤的是行銷部門，你就會聽到「行銷導向產品」（marketing-driven product）一詞。

在本書中，不論你公司原本使用什麼模式，我們一律稱為「先前模式」，至於你邁向轉型要打造的模式，我們稱為「產品營運模式」或簡稱為「產品模式」。

我們將在第 3 篇「轉型定義」時詳細定義何謂「以產品營運模式來運作」。書中還會討論到其他幾個重要的產品名詞及概念，屆時我們會再次定義它們。

深入閱讀｜何謂產品？

這個看似簡單的疑問頻繁出現，但其中涉及幾個層次，而且人們提出疑問的原因也有所不相同。

有時候，提出疑問的人擔心他們打造的不是直接面向顧客的產品，例如：電子商務應用程式、消費器材設備與裝置。他們可能是打造內部工具，提供員工用來服務公司的付費顧客。或者，他們在打造用於開發其他類型產品的服務平台。或者，他們在打造提供重要資料的後勤辦公室系統。或者，他們打造的是一種器材設備與裝置，不是純粹的軟體。書中我們對這些種類的產品使用不同的名稱，但請放心，產品模式適用於所有種類的產品。

有時候，人們質疑從無到有打造完整產品才算產品，還是打造產品的一部分也算在內。這涉及一個重要主題，我們稱為「團隊拓撲」（team topology），不過在本書中就算只是打造完整產品中的一小部分，也全都被視為產品。

　　有時候，提出疑問的人實際上不打造任何東西。很多種類的產品並不屬於工程師打造的技術驅動型產品，也許他們只負責管理跟第三方供應商之間的業務關係，因此他們很疑惑，在這種情況下產品模式是否適用。不，產品模式不適用這種情況，產品模式是給打造技術驅動型產品與服務的人用來解決遭遇到的特殊挑戰。

第 3 章

為何要轉型？

你很可能已經有推動轉型的理由才決定看這本書。

但是，轉型涉及的利害風險非常高，需要投注的心力也相當大，因此有必要先清楚地闡述你的轉型目的。一般來說，公司之所以要轉型為產品模式，是基於以下三大動機中的一個或多個：

動機一、競爭威脅

鮮少產業還未遭受新競爭者的攻擊，而這些競爭者能為顧客提供明顯更好的解決方案。截至本書撰寫之際，最新的破壞性技術是生成式人工智慧（Generative AI，人工智慧後文簡稱 AI），這項技術已經開始重塑許多產業的面貌，有些公司正在利用新技術，以現在才有可能做到的方式來為顧客解決存在已久的問題，而其他公司則是位居落後的狀態。

許多產業都已經發生這種破壞性創新的過程，例如：金融服務業、保健業、零售業、汽車業、物流業、廣告業，甚至太空探索領域也不例外。一些產業基於有較高的轉換成本、有更高的管制障礙、受到某

種程度的政府保護，因此破壞過程比較長，但少有公司真的穩如泰山、不受衝擊。

這些公司認知到，以往在顧客競技場上採用有效的武器與策略，如今都無法跟新競爭者採用的工具與能力抗衡了。

動機二、動人的報酬

有些公司是被那些有能力、一再為顧客創新而獲得高財務報酬的公司所激勵。他們看到新一代公司的高估值，以及成功轉型公司所獲得的報酬，在在激勵投資人、主管、產品領導者及員工走上這條轉型之路。

動機三、沮喪的領導者

有些公司之所以追求轉型為產品模式，是因為公司在技術方面投入大量資金，但回報甚少，持續的成本超支、令人失望的結果、交付結果時間過長、顧客失去耐性、無盡的相互指責與藉口，在在令領導者感到沮喪。

或許，這些領導者已經得知成功轉型公司花費更少，卻創造出更多回報，他們想知道這些方法是否適用於他們的公司。還有些案例中，一個或多個綜合因素把公司領導者逼到不得不轉型的地步：

- 或許，你發現最有能力的技術性員工因為現行營運模式感到沮喪而離開公司。
- 或許，你公司聘用了一位來自頂尖產品公司的領導者，而他鼓勵公司採用產品模式。

- 或許，顧客的期望已經改變，雖然他們仍然想保持忠誠度，但也直言不諱地表達對你公司供應的產品及其改善速度愈來愈不滿。

不論出於什麼動機，從根本上來說，公司要轉型是因為**他們相信必須要成功地利用出現的新機會，以及有效地應對嚴重的威脅。**

第 4 章

轉型失敗的典型案例

找我們輔導轉型的公司，大多數已經實施過至少一次轉型行動，結果發現他們花了大量的時間與金錢，卻不見進展或成效。接下來要敘述的轉型故事太常見了，雖然以匿名方式呈現，但處境很真實，看看這個故事你是否感覺很熟悉。

這家公司自 2000 年創立以來稱霸金融業務市場，始終以客戶為中心，以能夠準確交付客戶要求的產品引以為傲。這模式使他們最終推動了一系列的「優惠商品」來滿足不同顧客的個別感知需求。

起初，這種聚焦「為完成交易全力以赴」的方法獲致一些商業成功，不論在內部或外部，快速滿足客戶需求成為該公司一個重要的品牌優勢。直到有一天，這種模式行不通了。

儘管員工人數愈來愈多，又有長工時的企業文化，該公司交付新產品功能的時間卻明顯減緩下來了。與此同時，市場上出現幾家新進公司，每一家都快速地獲得集客力（traction）。結果就是，該公司的營收開始衰退，市場占有率節節下滑。

為了因應這種情況，該公司積極採取購併策略，快速收購及整合

更多的解決方案。但是，這些行動非但沒有使公司的獲利邁入新紀元，併購來的資產被證實有問題，未能如期望地創造營收。

一個新的開始

董事會出手了，拿高層開刀。他們找來一位有傲人資歷的新執行長，他曾在一家全球性顧問公司快速晉升，成為最年輕的高級合夥人，之後接連在多個商業金融組織中擔任高層主管。[1]

這是他首次擔任公司執行長，他知道，在這家公司的經營與領導結果將影響自己的資歷與職涯發展。該公司仍然有穩固的市場占有率，有一個響亮的品牌，也仍然賺錢，但他知道公司需要變革，並向董事會提出諸多建議，「重振公司品牌」成了董事會賦予他的關鍵要務。

他很熟悉策略，擔任管理顧問那些年將種種策略實踐在多個不同的領域。上任後，他立刻著手診斷公司的問題出在哪。

這家公司已經長成龐然大物，在美國、印度、歐洲都有辦事處，也因此產生的文化差異根深蒂固。此外，歷經多年購併導向的成長，該公司基本上像是幾家各自為政的公司，幾乎沒有整合，還有沉重的技術負債（technical debt）及對產品沮喪的顧客。

新執行長利用過往的人脈，很快就採納顧問公司提出的建議，協助公司快速診斷一些關鍵的老做法。

最終結論是，公司需要顯著的變革行動，包括：新的集中化組織

---

[1] 秉持我們長久以來致力推廣「成為優秀領導者無關乎性別」的觀念，在本書中，我們一律使用「他」這個代名詞。話雖如此，本書是為任何人、任何性別認同的人而寫。我們的觀點是，只要你是關心打造產品的好人，我們就想交你這個朋友。

結構、建立內部工程能力、研擬更聚焦的事業使命，以及成立內含產品經理及產品設計師的新產品單位。該公司也聘用一位數位長來負責領導轉型行動。

摩擦與抗拒

公司得同時應付無數挑戰，尤其是在建立工程技能。想在嚴苛的市場招募 600 名工程師就得提高薪資，12 個月後該公司已經超出預算，但仍然招募不到所需的人才數量。為了降低成本，他們決定放棄招募技能精通的產品經理，改尋求建立一支商業分析師團隊，他們給出的合理化理由是：套裝產品複雜，需要專業底子深厚的領域專家。

變革比公司原先預期的更具破壞力、成本更高。長久以來，銷售人員被視為顧客成功的當責者，因此銷售部門對這些變革很不滿，還直接向執行長抱怨。雖然，新執行長對於招募工程師和建立多支產品團隊的進展很滿意，實際上變革卻是進展緩慢，而且成本繼續增加。

新進工程師被公司的技術負債壓得喘不過氣來，但高層主管好像聽不到。每一個收購來的事業繼續以原有的技術堆疊運作，公司從未認真地嘗試整合各方的解決方案，許多收購事業的原有員工紛紛離去，留下的人幾乎無法維持眾多系統的運行。新進工程師想不出除了立即平移至別的平台（replatforming）之外，還有什麼好辦法。

領導階層私下很同情新進的工程師，不過又沒有人敢承擔起另一項重大工作——重組平台。因此，他們鼓勵工程師在可行之處重構（refactor），但必須設法加快交付路徑圖上的要求。

轉型實行兩年後，業務進展比之前更緩慢了，執行長研判核心問

題在於工程組織，他們在交付可預測且可靠的結果方面都需要改善。

聚焦於可預測性

該公司資訊長建議改採一種更制式、結構化的工程交付流程，並且讓團隊接受新流程再培訓，冀望能夠提高可預測性，儘管在新流程下發布週期更長、發布頻率降低。

而且，隨著發布頻率降低，新戰場是事業單位必須在每次發布時塞入足夠數量的新功能，以彌補顧客每次更新時歷經的痛苦與成本。此外，新流程的間接成本也相當高。由於所有目光聚焦在每一次冗長的發布，為此該公司招募、組織一支計畫經理團隊來監督交付流程，使該公司增加了一個治理與控管層級。

伴隨成本不斷增加，發布週期愈來愈長，發布新版本也隨之減少。與此同時，競爭者蓬勃發展。董事會當初對成功的期望如今早已被遺忘。此外，雇用的工程師中有一部分關鍵人員以領導失敗為由辭職。留住顧客變得愈來愈難，許多人對工作明顯缺乏進展感到沮喪。

一小群產品與工程領導者在認為沒有退路的情況下，選擇直接向執行長進言。他們指出，當前技術阻礙公司滿足顧客的需求，而且公司的繁文縟節程度高到讓他們對工作無能為力。

所有選項都不好，以往的技術管理不當最終讓該公司深陷泥淖。在砸下了數千萬美元的轉型成本後，執行長不知道還能交出什麼成績。歷經四年的痛苦與投資，高階主管團隊的失望和沮喪重重地壓在他的身上，最終，他被告知董事會不再支持他了。

該公司的轉型漸漸地朝失敗走去，然後突然瓦解。

第 5 章

執行長的角色

過去二十年間，我們從幫助其他公司轉型為產品模式的經驗中獲得最重的要啟示是：轉型要成功，執行長扮演的角色絕對關鍵至要。

請別誤解，執行長不需要在過去有產品模式的經驗，也不需要投入大量時間在轉型行動中，但執行長的角色非常關鍵。當然，每位執行長都會說他支持轉型，但大多數執行長並沒有真正了解這意味著什麼，直到轉型行動實行很久以後才可能醒悟過來。

問題出在：轉型影響方方面面，遠非只是影響公司原有的技術部門而已，轉型影響銷售、行銷、財務、人力資源、法務、事業發展、法遵及製造等部門。本書將討論轉型究竟如何及為何影響每一個部門，但重點是，並非每一位高階領導者和利害關係人都熱中於轉向這種新型態的營運模式。

起碼，大多數人有興趣嘗試可能帶來更好結果的方法，這其中許多人後來會發現，學習如何在產品模式中有效工作成為他們履歷表上一項有利條件。另外，同樣必須認知到的一點是，縱使是最熱切看待產品模式的利害關係人或主管，可能也有他們想獲得解答的疑問或合

理的異議。

然後，有些人會消極地抗拒轉型，其中一些人則是積極地抗拒，這可能出於想保護他們目前的職責，或是因為他們長久以來偏好使用你可能知道或不知道的做事方法。

最終，這些有問題的利害關係人全都歸執行長管轄，他們全都會看著執行長的態度，藉此研判轉型是否真的重要及必要。誠如傳奇教練比爾‧坎貝爾（Bill Campbell）所言：

「公司關心領導者關心的事。」

更常見的情形是，執行長把轉型的所有權（ownership）委派給資訊長、數位長或轉型長。雖然，這些人能影響組織內的決策與行動，但除非利害關係人也屬於他們管轄（這種情形很少見），否則相同的問題仍然會發生。

如果你是一家公司的執行長，這可能是你首次得知轉型遠非只是IT 部門的事，在這種情況下，請你務必認真思考這些新資訊。

大多數公司展開轉型時，首先聚焦於產品、設計及工程變革，這想法沒問題，因為在建立這些領域的專業能力之前，轉型其他部分都稍嫌過早。你必須發展產品模式中的新職能，在整個組織裡灌輸新技能和新原理，最重要的是，還必須推動文化變革，但往往只有在實行變革之後，公司才認知到新職能的利用程度會影響到全組織。當執行長和其他高階領導者沒有積極地支持變革時，轉型行動就會熄火。

明確地說：**執行長必須被視為產品模式的福音傳播長。**

如果公司執行長不願意或無法做這件事，你就應該重新評估轉型的準備程度，這項工作會節省你很多時間、金錢與心力。

不過，好消息是產品模式成功地運行將改善公司所有人的處境，而非只是改善產品及工程組織。員工將對公司的產品引以為傲，行銷部門將有更多的產品可以推銷與定位，銷售部門將銷售更多的產品，人人都將看到財務成效，員工士氣和留任率得以提高。這一切的效益構成了執行長應該積極幫助與支持轉型的強烈理由。

第 6 章

本書概述

當你讀到這章時，我們希望你已經開始理解我們為何說轉型相當困難。本書旨在幫助你為前方的路徑做好準備。

你不會在書中找到任何轉型的處方箋或教戰手冊，坊間有很多人試圖向你推銷這類產品，但不幸的是，我們從未見過有一體適用、過於簡化的方法行得通。

本書穿插一些**轉型故事**，包括成功轉型的案例研究及**創新故事**，用來呈現轉型公司打造出來的創新解決方案。轉型故事由曾在這些公司領導產品組織的領導人來講述，分享的目的是要建立你的信心，儘管轉型困難重重，但絕對有可能成功，另一個分享故事的目的是要讓你為轉型成功將創造的前景感到振奮。

除了這些案例研究，本書架構如下：

第 2 篇是**轉型定義**，我們將詳盡定義轉型為產品營運模式的真確含義。

第 3 篇 及第 4 篇將討論在轉型為產品模式時，你需要發展哪些新技能與職能。第 3 篇探討為了轉型，你將需要發展哪些新**產品模式職**

能，如果你以為公司已經有這些職能了，我認為你搞錯了，而且正朝失敗的轉型之路前進。別被那些頂著特定職稱的人給糊弄了。

第 4 篇提出**產品模式概念**及其根據的產品模式原理，全都是產品模式的基礎。大多數公司很快便會意識到自己尚未具備這些技能，第一步就是學習，因為**新產品模式的職能及概念是轉型的基礎**。

第 6 篇是**產品模式的運行**，討論產品組織如何建設性地、有效地跟顧客、銷售部門、產品行銷部門、財務部門、利害關係人及高階主管們合作。

第 7 篇討論有助於指引組織歷經大規模變革的**轉型方法**。變革總是困難的，但有一些關鍵方法與戰術可以協助公司推動轉型。我們首先評估組織，再解說種種戰術，接著說明持續傳播轉型福音的重要性。

你可能發現了其中有些許進退維谷的處境：一家從未以這種新模式運行過、可能也沒有任何一位領導者有這種營運模式經驗的公司，要如何學習這種新營運模式呢？

有書籍和各種訓練能幫得上忙（前提是，作者及訓練師確實懂得他們在談什麼），但光靠這些遠遠不夠。我們將探討當公司領導者不曾使用過這種營運模式時，你可以如何轉型為這種新模式。

第 10 篇是**克服異議**，討論重要利害關係人常有的種種疑慮，例如：來自銷售部門、行銷部門、顧客成功團隊、財務部門、人力資源部門、資訊長、專案管理辦公室、執行長與董事會，以及來自產品組織內部的異議。這些全都是合理的異議及疑慮，提出問題的人通常是出於真誠的善意，因為他們能看出問題，卻不知道該如何處理。我們探討每一個異議，以及如何克服它們。

第 11 篇是**結論**，本書把所有關鍵點連結起來，摘要討論包括在成功轉型案例研究中看出的共同主題，以及成功轉型的要素。

深入閱讀｜給予產品領導者嚴厲的愛

轉型要成功很難，這其中需要處理涉事者往往很不想聽到的艱難課題。因此，我們現在必須給予產品領導者一點嚴厲的愛。❶

毫無疑問地，公司的高階主管在幫助公司轉型方面扮演重要角色，而讓許多產品領導者感到驚訝的是，他們的工作分量及吃重程度起碼跟高階主管們一樣。真正令人費解的是，很多產品領導者以為只要高階主管改變他們的態度與模式，一切就會順利推動。他們把心力聚焦於敦促他人改變，卻沒有意識到自己也必須改變。

他們抱怨產品經理能力薄弱；他們抱怨未被賦權；他們抱怨工程師不夠投入；他們抱怨利害關係人不信任他們；他們抱怨執

---

❶ 在此釐清我們的用詞：產品經理、產品設計師、技術領導者（技術組長）、各類工程師、資料科學家、使用者研究員全都是個人貢獻者（individual contributors）。「產品領導者」（product leaders）一詞是指負責領導產品管理、產品設計及工程的經理人；「主管」是指公司的高階領導者，例如：執行長、財務長、營運長、行銷長、研發長等。

行長要求詳細的產品路徑圖，但他們似乎沒有認知到，這些問題極有可能是他們本身的作為（或不作為）所導致。

如果產品領導者不願負起提升產品團隊技能水準的責任，或是矯正人才招募方面的錯誤，那麼產品團隊會存在很多不稱職、能力不足的成員。試問，在這種情況下，產品團隊無法獲得授權，有什麼好訝異的？工程師表現得像傭兵，有什麼好訝異的？利害關係人不信任產品經理，有什麼好訝異的？執行長不信任應該對產品團隊成員能力不足負起責任的產品領導者，有什麼好訝異的？

概括地說，身為產品領導者的你，在展開轉型時必須牢記兩件事：第一、你的所有權取決於你的可信度；第二、身為產品領導者，你的職責之一是改變心態與思維。

的確，為了推動產品模式轉型，高階主管需要改變，但是產品領導者和產品團隊需要作出的改變更大。

我們必須清楚地強調，公司的所有人及單位都需要改變，但成功始於提高產品組織本身的競爭力。

第2篇

轉型定義

　　說到轉型，有太多的負面教材了。見過轉型失敗的人很多，但見過轉型成功的人很少，正因如此，從成功轉型的案例中學到啟示非常寶貴。經常有人問我們：「轉型之後，我們的公司能夠做到哪些以往無法做到的事？」

　　我們認為這是一個好問題，由於在產品模式領域工作的我們經常談論的結果是 outcomes，其與 results 不同。本書強調轉型公司的能力與結果（outcomes），尤其是應對威脅和利用新機會的能力。

　　假設一家公司領導者認為他們必須確實地轉型，這意味的是什麼呢？

許多讀者都聽過類似的話：「轉型為敏捷模式有其必要，但遠遠還不夠」或者「轉型的核心是從功能團隊（feature teams）轉變為被賦權產品團隊（empowered product teams）」或者「目標是轉型為一家產品導向的公司。」

這些說法每一種都切中轉型的一個特定層面，但沒有一種能精確、全面地描述轉型的真正含義。因此，我們在本書中採取不一樣的方法。我們認為，與其為轉型貼一個標籤（「敏捷」、「被賦權團隊」、「產品導向的公司」），更有用的方法是檢視轉型實際上改變了什麼。

在本書中，我們討論的「轉型為產品模式」是沿著三個層面作出變革：

1. 改變打造模式；
2. 改變解決問題的方式；
3. 改變決定解決什麼問題的方式。

改變打造模式

儘管採用敏捷多年，太多公司仍然繼續採行每月或每季「大爆炸」（big bang）式的發布。所謂「假敏捷」（fake Agile）❶的出現，使這些公司誤以為他們正按照所需運作，但實際上，他們打造產品的模式並沒有發生任何有意義的改善。

我們公司和顧客需要我們提供一個能夠仰賴的可靠服務。這意味

---

❶ 最離譜的「假敏捷」例子是 SAFe（Scaled Agile Framework，大規模敏捷開發），不過就算是使用了基本的 Scrum 的團隊，如果每月或每季仍然只發布一次，也無法獲得真正的敏捷效益。

著頻繁、小規模的發布；這意味著對技術進行監測（instrumentation），你才能知道它是否管用，以及它如何被使用；這意味著監控技術，使你能夠搶在顧客之前偵察到問題；這意味著在廣為部署新功能之前，必須證明這些新功能確實交付了必要價值。

如果你公司沒有做到持續交付，最起碼也必須做到不低於每 2 週 1 次的確實發布（true release）頻率。❷

改變解決問題的方式

當一家公司談論從功能團隊轉型為被賦權產品團隊時，關鍵在於改變他們解決問題的方式。

在功能團隊模式下，利害關係人對他們認知到的解決方案（功能與專案）作出優先排序，以一份路徑圖的形式提供給一支功能團隊。在產品營運模式下，產品團隊被指派去解決問題，產品團隊被賦權去找出一個有價值的（valuable）、可用的（usable）、可行的（feasible，指技術可行性）、可營利（viable，指商業可行性）的解決方案。

重點在於，把最佳解決方案的決定權下放給最靠近賦能（enabling）技術的人員，以及跟這項技術互動的使用者。

實務上，這意味著培養快速測試產品構想的技能，以發現值得構建的解決方案〔這過程稱為「產品探索」（product discovery）〕，並確保你的工程師和產品設計師有一位優秀並精通顧客、資料、事業及

---

❷「確實發布」的含義因不同產品類別而異，我們說的「確實發布」是指你能夠成功地把新功能交付到顧客手中。

產業等方面的產品經理，以便產品團隊具備成功所需的跨職能（cross-functional）技能。

請務必注意，這種變革隱含產品團隊和公司利害關係人之間的一種新關係——利害關係人和產品團隊從主僕關係轉變為通力合作關係，產品團隊必須找到令顧客喜愛、同時也為事業帶來好收益的解決方案。

改變決定解決什麼問題的方式

你要精通產品探索，以便團隊能夠始終如一地依據客戶喜愛的方式快速解決難題，同時也為事業帶來好收益，不論從誰的角度來看，這方式都是顯著的進步。不過，這還是沒有回答這個疑問：「你如何決定這是必須解決的最重要問題呢？」

在先前模式中，通常由利害關係人決定要優先解決哪些問題。在產品模式中，一項新的重要職能是產品領導力。

每家公司面臨諸多威脅和機會，你嚴肅看待哪些威脅，以及你決定追求哪些機會，這可能意味著成功與失敗之別。頂尖產品公司有一個動人的產品願景、一個根據洞察而制定的產品策略，公司根據產品願景和產品策略，辨識為了實現事業目標而必須解決的最關鍵問題。

針對前述三個層面的變革，我們有以下幾個重要說明：

第一、所有這三個層面——改變打造模式；改變解決問題的方式；改變決定解決什麼問題的方式——仰賴優秀的產品領導者（負責產品管理、產品設計與工程的領導者）。到目前為止，我們希望你開始理解到，為何產品領導工作非常困難。產品團隊成員需要產品領導者提

供指導及策略脈絡背景（strategic context）。

第二、從更高層次來說明，你可以把這三個層面的每一個都視為進程步驟，事實上這是處理公司轉型的一種方式，但在實踐上，這三個層面的每一個都是個別層次，你可以、也應該平行地同時推進不同層面，本書第 8 篇（轉型方法）將對此有更多討論。

總結來說：

- 改變打造與部署模式，意味著從每季大發布轉變為小規模、持續、頻繁的發布。這個層面的變革是持續改善問市時間的關鍵。

- 改變解決問題的方式，意味著從利害關係人主導的路徑圖及功能團隊，轉變為指派被賦權產品團隊去解決問題，使用產品探索流程來找出有價值、可用、可行且可營利的解決方案。這麼做也意味著同時為你的顧客及事業解決問題。這個層面的變革是持續縮短等待賺錢時間（time to money）的關鍵。

- 改變決定解決什麼問題的方式，通常是所有變革中影響最深切的一個層面，因其左右了公司選擇去追求的機會，以及公司如何充分利用投入的資源，其中還包含產品願景和產品策略。這個層面的變革是使技術投資報酬最大化的關鍵。

希望這個框架能幫助你更全面地思考公司可能需要推動的轉型，以及你可能處在這趟轉型旅程中的哪一個階段。

接下來三個章節將逐一深入探討這三個層面，說明為什麼這些變革對於頂尖產品公司如此重要。雖然，這些概念有點技術性，但你不需要深度的技術相關知識也能了解它們對事業和顧客的重要性與價值。

第 7 章

改變打造模式

你投資技術是為了幫助顧客及公司創造價值。創造價值涉及幾個重要層面，但最終打造產品的首要技能是你的工程師。對許多技術驅動型公司而言，工程師是最大的成本項。

很多早期的模式中，通常每一次的技術性發展行動都被視為一個專案。每個專案會分配到經費、人員、規畫、執行與交付，交付完成，專案終結，全員解散，轉往進行其他工作。

我們打造每個產品都有兩個能夠創造價值的產出：第一、打造出來的產品本身；第二、我們在過程中學到的知識與經驗。但是，在專案模式之下，流程是交付完成、專案終結、專案團隊解散，因此過程中所學到的一切大多流失了。當我們想再次從事該領域的工作時，我們會花費時間與金錢重新學習之前已經付過學費的東西，甚至更有可能的是，我們根本沒學到什麼，而且還犯下代價高昂的錯誤。

此外，產品團隊生活在他們創造的程式中，專案團隊則是知道專案結束後就全員解散，因此二者對待程式的態度很不一樣。這也是專案模式之所以技術負債如此猖獗的原因。

這跟改建房子很像，要出售還是自住，二者改建方式往往不同。如果是出售，直接在壁紙上粉刷油漆就行了，既快速又便宜，誰在乎日後是不是很快就掉漆呢？

外包也是如此，這可不是巧合。我們常對公司領導者說，如果這就是你想要的運作方式，那不妨找埃森哲企管顧問公司（Accenture），因為他們比你更擅長外包運作，產品模式對你而言太花錢、太費時，更重要的是，幾乎從來沒有交付顧客和公司所需的創新。

正因如此，轉型始於改變公司的打造模式，這意味著從聚焦於專案轉變為聚焦於產品。在產品模式中，產品被當成持續性的工作來管理──每週發布 1 次改進（在頂尖產品公司，很多時候是每天發布多次改進），通常延續幾年。你可以改變產品團隊的工作內容，例如：增加新產品功能以創造更多營收、降低營運成本、做公司需要的產品。但一般來說，產品團隊會持續投資產品，直到公司決定停止投資並維持目前的營收，或是決定完全停止供應並淘汰此產品。

在這種持續發展的模式之下，你需要小規模、頻繁、可靠的發布方式。頂尖產品公司在很多年前早就學到這點，雖然聽起來有點反直覺，但資料清楚地顯示，打造愈多，改進交付愈多，發布愈頻繁，對你的公司、尤其是對你的顧客愈好。❶

如果你真心想為顧客提供可靠的服務，你應該每次以小數量、不影響產品運行的改進方式頻繁地發布，這遠比一舉推出大量的產品改

---

❶ 參見 *Accelerate: The Science of Lean Software and DevOps: Building and Scaling High Performing Technology Organizations* by Nicole Forsgren, Jez Humble, and Gene Kim (IT Revolution Press, 2018).

進（業界稱此為「大爆炸」式發布）要容易且可靠得多。在此要清楚地強調：如果你的每一支產品團隊沒有至少每 2 週發布 1 次，那就代表你照顧顧客遠沒有達到你必須做到的程度。❷

此外，針對部署的內容，你必須監測新功能來確保產品可以適當地運作，也幫助你了解顧客實際上如何使用你的產品。同時，你必須持續偵測產品，最好是在顧客發現問題之前就偵測出來。對於許多重要的產品改進，在廣為部署之前，你必須能夠證明這些新功能確實提供必要的價值（驗證的標準方法是 A ／ B 測試）。

你可能認為，公司的產品類別不適用這方式，或者你可能指出，顧客要求你降低發布頻率，不要太頻繁，關於這點，我們將在第 18 章（產品交付）解釋，為什麼頻繁發布對公司和顧客來說很重要，並說明採行這種工作方式背後的原理及這麼做的機制。

深入閱讀｜關於敏捷及敏捷教練

你一定聽過敏捷流程，過去二十年間之所以有那麼多公司改採敏捷流程，一個主要原因是，這些方法旨在提供一種強制作用：促使產品團隊做到一致、小規模、頻繁的發布。

❷ 這是你會聽到很多人辯解為什麼公司無法做到這點的常見藉口，本書第 10 篇（克服異議）將深入討論。

轉變成小規模、頻繁的發布可能需要相當大的投資，主要是投資在測試與部署自動化，但對採用敏捷流程來讓產品團隊起碼每 2 週發布 1 次的公司來說，這種方法確實為公司及顧客帶來顯著價值。

　　話雖如此，實際上不需要敏捷流程也能夠一致、小規模、頻繁的發布。事實上，許多舉世頂尖的產品團隊精通於一致地部署小規模的發布〔這被稱為「持續整合與持續部署」（continuous integration and continuous deployment），後文簡稱 CI ／ CD〕，而且完全沒有遵循任何制式的敏捷流程或方法。

　　與此形成鮮明對比的是，投資非常多的時間和金錢在採用敏捷教練、儀式、角色、方法及流程，但花了這麼多金錢與時間之後，他們仍然是每季發布改進，而且持續為顧客帶來痛苦。

　　在此要非常清楚地強調：如果你公司仍然是每年、每季或每月發布，那麼不論你遵循多少敏捷儀式、雇用多少的敏捷教練，全都無濟於事。事實上，你根本就不敏捷，你無法從敏捷中獲得效益，你無法符合需求地服務顧客或事業。

　　許多公司花費數百萬美元轉為敏捷流程，因為他們認為這就是轉型的意義所在，但這些努力未能獲致什麼結果。如果你公司就是其中之一，我們相信你一定非常沮喪。

　　不論是否採用敏捷流程，你必須使產品團隊做到頻繁、小規模、可靠的發布，最起碼每 2 週發布 1 次。如果產品團隊目前無

法做到，你必須引進有經驗的工程領導者或工程師，或是聘請一位優秀的產品交付教練來教導他們如何做到。

第 8 章

改變解決問題的方式

不論你打算做什麼，改變打造、測試及部署產品的方式很重要，有太多公司只是變成更有效率的功能工廠（feature factory）而已，他們交付的功能比以往多，卻沒有相應地為顧客創造更多價值，或是為事業帶來實質影響力。

事實上，現今大多數公司的產品路徑圖上實際產生正投資報酬率的功能與專案比例很小，多數產業分析師認為這個比例大概介於 10% 至 30%。

把公司需要推出的產品功能清單拿來跟發布新產品功能所產生的成效做比較，如果你對投資回報不滿意，就是你必須改變解決問題方式的重要因素。這個問題的根本原因在於，功能團隊的成立是為了服務事業中的利害關係人，而不是為了服務顧客並為事業帶來好效益。

事業領導者和利害關係人全都了解他們的營運需求，並列出一張能夠幫助他們履行事業義務的功能與專案清單，然後他們把這些優先要務交給功能團隊，要求他們提供上面載明交付日期和可交付結果的產品路徑圖。

那麼，為什麼很少有功能團隊確實地產生期望報酬呢？

每一個功能都是某個問題的潛在解決方案，這個問題可能是顧客問題，例如：顧客不知道該如何有效地使用你的產品；這個問題可能是公司問題，例如：你預置的產品成本過高。

在功能團隊模式中，路徑圖上的功能是由功能團隊裡的設計師設計，然後交由功能團隊裡的工程師打造。不過，功能未來是否能為顧客或公司提供任何價值，就是由提出功能需求的人負責，這些人通常是利害關係人，他們可能了解各自的需求，卻沒有很了解賦能技術對於技術驅動型產品的重要性，他們鮮少和使用者及顧客交談，未能了解他們的需求及問題。

因此，在功能團隊模式之下，你無法要求功能團隊為事業結果當責。功能團隊只負責打造**產出（output）**——**功能**，如果一項功能沒有產生期望的**結果**，該團隊會指出，他們只是打造被告知的需求而已。

然而，決定這項功能的利害關係人也不想為失敗負責，幾乎可以確定，他們會辯稱功能團隊交付的功能不符合他們期望，或是辯稱功能團隊沒有如期交付。正因如此，我們經常聽到這種抱怨：利害關係人和功能團隊彼此之間缺乏信任。

這種運作模式的另一個嚴重後果是，你最終得到大量的「孤兒」功能——未能產生好價值、卻等待有朝一日可能獲得另一次迭代的功能，但另一次迭代幾乎不可能出現。其結果是，快速累積的技術負債可能失控，明顯地減緩團隊開發速度，最糟的情況甚至可能導致事業全盤失敗。

不論什麼理由，一旦失去持續為顧客創新、從而創造價值的能力，

你的競爭者遲早能為你的顧客提供更好的解決方案，這種情況發生在無數的公司身上。

你可以降低產品價格，你可以推出巧妙的行銷與促銷活動，但這些做法充其量只是拖延無可避免的失敗結果罷了，最終，某家公司將以你公司再也無法做到的方式服務你的顧客。

由被賦權團隊來解決問題

現在，我們來看一支被賦權產品團隊的運作情形。在這種模式中，並不是把功能路徑圖及專案交給產品團隊去打造，而是交給產品團隊**一組要解決的問題及期望達成的結果**。

先跟相關的利害關係人坐下來討論，從他們要求的特定功能回溯至顧客或公司事業的根本問題，討論如何評量成功及期望的結果，這做法並不困難。

被授權產品團隊並非只是打造利害關係人想要的功能，其任務是想出既符合顧客需要、又能為事業帶來好效益的解決方案。這意味著解決方案是**有價值的**——顧客將決定購買或使用它；**可用的**——使用者將能夠知道如何使用它；**可行的（技術可行性）**——工程師知道如何使用團隊的時間、技能與技術來解決它；**可營利（商業可行性）**——在行銷、銷售、財務、服務、法律及法遵等限制之下，解決方案能夠為事業帶來效益。

為何被賦權產品團隊一定優於功能團隊呢？

除了一些明顯的理由之外，例如：所有權感可以振奮士氣；從直接對使用者及顧客測試潛在的解決方案中獲得知識等，最主要原因是，

頂尖產品公司了解獲得授權的工程師是創新的絕對要素，被賦權產品團隊就是設計來充分利用這個強而有力的資產。

在功能團隊裡，工程師的工作只是打造利害關係人要求的產品與功能，設計師的工作是把產品外觀變好看，他們形同傭兵。更糟的是，如果你是用外包工程師，那他們就成為實實在在的傭兵了。

反觀在被賦權產品團隊裡，工程師的工作不只是打造，設計師的工作不只是設計，他們也負責辨識正確的問題，這是「被賦權團隊」一詞的由來。

工程師的優勢在於他們天天使用賦能技術，所以善於看出所處位置的可能性──現在的技術可以做到什麼程度。當這些被賦權工程師、產品經理及產品設計師通力合作，直接接觸使用者及顧客時，你可以開始了解你喜愛的每種創新產品或服務源自何處。

當然，這裡我們特別強調被賦權的工程師角色，原因在於尚未轉型的公司需要徹底改變看待工程師的方式。很多公司外包工程師的比例明顯高於其他角色，從這個事實可以看出，這些公司認為工程師的工作只是依據他人要求打造產品或功能而已，不用參與解決問題的探索工作。

如果再加上，擁有一位善於設計有效且動人的使用者體驗的優秀產品設計師，以及一位了解顧客及事業侷限的能幹產品經理，你等於具備以顧客喜愛的方式解決困難問題、並為事業帶來效益的跨職能技能。

產品探索

對一支為結果當責的被賦權產品團隊而言，問市時間（time to market）固然重要，但最重要的是**賺錢時間**，換言之，就是達成必要**結果**所花費的時間。

如果一支被賦權產品團隊交付一項功能卻未能產生必要成效，他們就會對此功能或開發方法作出迭代，直到見到成效。然而，當產品團隊以「賺錢時間」為目標時，激勵誘因就變成能夠快速研判產品構想或方法是否行得通，這流程稱為「產品探索」。

產品團隊當然可以直接把各種產品構想打造出來，看看哪個行得通，但這會花費更多時間，也會讓顧客接觸到很多不夠完善的構想。產品團隊有大量的工具和方法可以快速測試產品構想及開發方法。一般來說，產品團隊會打造產品構想的原型（prototype），原型有各種形式，而且打造起來快速、成本低廉。每一個原型旨在測試不同的風險或假設。

原則上，在產品探索階段測試任何構想所花費的成本與時間，比工程師實際地打造、測試及部署實際產品所花費的成本至少減少 10 倍，在很多情況下，打造原型的成本比打造實際產品的成本減少 100 倍。

平均而言，一項功能要歷經 3 到 5 次迭代才能達到「產生必要的事業結果」（亦即賺錢時間）的境界。如果由功能團隊打造每一次的迭代，每一次都得花幾個月的時間，那麼一般得花 1 到 2 年的時間才能使這項功能產生期望報酬。因此，鮮少有利害關係人願意繼續在產

品路徑圖上放入這些必要的迭代。

反觀，如果指派具備產品探索技能的被賦權產品團隊去解決問題，他們可以在幾天或幾星期內完成 3 到 5 次迭代，然後通常只要幾週時間產品版本就能交付到顧客手上，進而產生必要的事業結果。

如果你曾經納悶，小規模被賦權產品團隊的生產力為什麼可以持續贏過投資更多錢在功能團隊的大型公司，上述就是解答。

第 17 章（產品探索）將討論如何發展必要技能來改變解決問題的方式。

利害關係人之間的通力合作

改變解決問題的方式除了能節省金錢與時間之外，最重要的好處是，建立一個持續為顧客創造價值的機制。

改採產品模式之後，不再是功能團隊服務公司裡的利害關係人，而是指派被賦權團隊以能夠為事業帶來效益的方式去服務顧客。二者之間的差別不小，而且根本上改變了組織的互動方式。

但請注意：**重要的利害關係人會因為失去技術資源的控管權而不高興，有些利害關係人會消極地抗拒，有些則會積極地抗拒。正因如此，組織高層如果沒有展現實質的支持，轉型往往會失敗。**

此外，一些原有的產品經理、產品設計師及工程師可能不願意或無法勝任更多的職責。事實上，比起只是依照要求去打造產品和功能，負起解決問題的責任遠遠更困難，你必須確保產品團隊的成員數量足夠且達到職能要求，然後提供他們成功必要的指導及策略脈絡背景，參見本書第 3 篇（**產品模式的職能**）。

頂尖跨職能、被賦權產品團隊成員，包括：產品經理、產品設計師及工程師，通力合作解決顧客問題，打造受到顧客喜愛、為事業帶來效益的解決方案，這就是產品模式的核心概念，參見第 15 章（產品團隊）。

深入閱讀｜結果導向路徑圖

如果你正設法改變解決問題的方式，那就必須思考：問題來自何處？

在先前運作模式中，問題通常來自利害關係人，他們在一份產品路徑圖上對其需求優先排序。當改為產品模式後，問題來自洞察導向的產品策略（insight-driven product strategy），但如果你想先聚焦在建立解決問題的技能，之後再處理產品策略的領導技巧呢？

在這種情況下，有一種好用的轉型戰術，名為「結果導向路徑圖」（outcome-based roadmaps）。

如果你現在去找利害關係人，請他們提出需要解決的問題，他們可能很困惑，因為大多數的產品路徑圖其實是一份結果清單，亦即想要打造的功能，而非想要或需要解決的問題。所幸，你可以用逆向工程來反推需要解決的問題，這做法不難。具體做法是：以現有的產品導向路徑圖為起點，檢視這份路徑圖上的每

一個項目，研判每項功能是為了解決什麼問題，以及如何評量成功標準（期望結果）。

轉型為產品模式後，你的產品團隊仍然得解決轉型前的那些問題，只不過現在產品團隊有了一定的自由度去探索可能的解決方案，使團隊聚焦於結果。你可以學習產品探索的方法，協助自己達成這些結果。

結果導向路徑圖的另一個好處是，可以讓利害關係人不再談論功能與日期，轉向討論要解決的問題及期望結果。

第 9 章

改變決定解決什麼問題的方式

　　截至目前為止，我們討論了改變打造產品的方式，以及改變解決問題的方式，但我們還未談到如何決定哪些是最重要且必須解決的問題。

　　從現有的產品路徑圖著手，檢視每一項功能或專案，研判要解決什麼問題，以及評量成功的合理方法，做法其實不難。這是從功能路徑圖轉向結果路徑圖最簡單、直截了當的方法，後者稱為結果導向路徑圖，說明部分請參見第 8 章的深入閱讀。

　　這沒有什麼困難的步驟，而且很確實，只需為被賦權產品團隊提供需要解決的問題和明確的成功衡量標準，就能為客戶和事業的問題提供更好的解決方案。

　　但是，這些真的是顧客和事業最需要解決的問題嗎？

　　每家公司都面臨一系列的機會和威脅，你公司是否嚴謹地選擇要追求的最佳機會，以及聚焦在最應該嚴肅以對的威脅呢？

顛覆產品規畫

大多數採行利害關係人導向、功能團隊模式的公司，有某種形式的年度產品規畫流程，利害關係人會為他們認為最重要且必須做的專案辯護。

在許多施行這種模式的公司，財務部門會扮演仲裁者的角色，根據利害關係人提出的論述作出決定。在其他公司，利害關係人會對領導高層提出他們的主張，由高階領導團隊作出決定。

但是，真正重視當責制的公司會追蹤實際結果，將其與當初承諾的結果做比較，他們知道，上述的那些方法全都無法一致地產生好決策，主要是決策時缺乏資料為依據。我們的前作《矽谷最夯 · 產品專案管理全書》詳細探討過為什麼會導致這樣的結果，以及頂尖產品團隊會採取什麼不同的做法。

產品規畫旨在研判你必須解決哪些問題，而轉型為產品模式的第三個變革層面就是要改變你決定解決什麼問題的方式。

被顛覆前先自我顛覆

人們很容易忽略變革的本質，也沒有意識到，轉型成功的公司在被其他公司顛覆之前就已經自我顛覆了。

假設你知道，由於競爭壓力及顧客需求與行為的改變，你必須推出新一代的核心產品，但你也知道，這過程需要的深層變革將影響到產品打造、行銷、銷售、交付及服務方式。不論你舉行了多少次外場會議，或引進多少位管理顧問，你真的相信公司裡每一位利害關係人

最終都會作出必要的自我顛覆嗎？就算他們想自我顛覆，該從何做起呢？他們不太可能在遠離顧客和技術的會議裡獲得解答，這很難作出什麼有意義的創新。

我們猜想，你大概已經意識到利害關係人不太可能獨自完成自我顛覆。反觀，產品模式了解這個現實。這不是說產品組織被全權委任去做必要的事，但在執行長的支持下，產品團隊領導者及成員能夠跟利害關係人共同在整個組織推動必要的變革。

之後會詳述三則轉型故事：英國鐵路售票平台 Trainline（第 5 篇）、購併軟體即服務提供商 Datasite（第 7 篇）、奧多比（第 9 篇），你將從中看到生動的變革劇情，從正在發生的事件說明更高層次變革所涉及的各個面向。

以顧客為中心的產品願景

太多公司把時間花在反應（reacting）上：對新銷售機會作出反應；對競爭者的供應作出反應；對顧客的要求作出反應；對價格壓力作出反應等。頂尖產品公司也關心這些反應，但不會被牽著鼻子走，驅動他們的不是這些反應，而是追求能夠有意義地改善客戶生活的產品願景。

事實上，在頂尖產品公司，一個具有說服力且動人的產品願景是招募人才加入產品團隊的最佳工具。你會希望產品團隊成員是真心相信產品願景的人，他們真的想為你的顧客生活作出貢獻。一個強而有力的產品願景將激勵組織多年（大多是 3 到 10 年）。

請務必注意，最首要的產品願景是關心**顧客**：產品將如何改善使用者及顧客的生活？

產品願景**不是**關於公司如何賺更多錢、公司當季的優先要務是什麼、你將如何架構產品團隊。這些主題當然重要，我們也會在後面章節討論，但產品願景的目的是**描繪你試圖創造的未來**。

你可能有數十支、甚至數百支產品團隊，而產品願景就是要校準具有共同目標的團隊團結起來實現這一願景。**❶**

洞察導向的產品策略

產品願景描繪未來，產品策略則是你如何辨識現在最需要解決的重要問題。產品策略首先聚焦在驅動事業成功最關鍵的領域。現實情況是，大多數公司試圖同時做太多的事情，最終稀釋了他們的努力，在需要借助槓桿效益的重要事業上取得進展太少。

誠如前網景公司（Netscape）執行長吉姆・巴克斯戴爾（Jim Barksdale）所言：

「最重要的事就是把最重要的事一直當成最重要的事。」

或者，俄羅斯諺語：

「如果你同時追逐兩隻兔子，兩隻你都抓不到。」

一旦辨識出幾個關鍵領域，接下來就必須選擇你將下注的洞察。你持續地研究量性洞察（the quantitative insights）——主要是從生成資料中獲得的洞察，也持續地研究質性洞察（the qualitative insights）——主要來自直接跟顧客互動及交談所獲得的洞察。你也持續地評估新賦能技術的潛力，以及重要產業與技術趨勢的影響。

---

❶ 如果你想看一些深受我們喜愛的產品願景案例，請造訪：www.svpg.com/examples.

洞察導向的產品策略通常需要公司發展新技力，但強大的產品策略可以最大程度地利用技術投資為公司帶來回報。**好的產品策略擁有加乘的力量。**

重要且務必了解的是，產品策略不同於事業策略和問市策略，許多公司在事業策略及（或）問市策略方面具備優秀的技巧，卻完全忽略或缺乏產品策略。事實上，大多數採行功能團隊模式的公司，產品策略就是為不同的利害關係人交付盡可能多的功能，說到底，根本沒有產品策略。

產品領導的角色

想要轉型的公司大多了解必須提高產品團隊的職能與技能水準，招募更多高級工程師、優秀的產品設計師、能幹的產品經理，但他們驚訝地發現，在產品領導力上存在很大的能力落差。事實上，許多採行功能團隊模式的公司並沒有產品領導者，由於他們鮮少有產品願景，甚至不太可能有產品策略，因此採行功能團隊模式的公司跟採行產品模式的公司，相同職稱的「產品主管」，其職務內容卻完全不同。

概括地說，在產品模式中，產品領導者的主要職責是指導與培養成員，使他們有技能去有效且成功地探索與交付解決方案。在產品模式中，負責產品管理、產品設計及工程的領導者是絕對必要且關鍵的角色，他們不僅領導成員改變決定解決哪些問題的方式，也領導他們改變解決問題的方式和打造產品的模式。

第 16 章（產品策略）將討論如何發展決定解決哪些問題的必要技能。

深入閱讀｜只有一條正確途徑嗎？

在產品圈子裡，一個常見、但有害的錯誤觀念是，許多人主張打造優異產品的正確途徑只有一條。

有時候，產生這種錯誤觀念出於一個人或一支團隊嘗試了一種方法、技巧或流程，然後獲得很好的結果，於是他們便認為只需要如法炮製之前的做法就行了。更多時候，這種錯誤觀念是源於人們和公司只想銷售他們的特定流程、框架、方法或工具。

其實，產品營運模式是一種概念模型（conceptual model），是一種讓你思考如何工作的模式，而不是一份處方箋，不是一種流程，沒有單一的框架、方法或工具。打造產品的工作實務是，你有非常廣泛的問題要解決，每個問題涉及不同的風險層面、不同類型的顧客、不同種類的技術，而且有不同的限制條件必須滿足。

縱使有一種可以成功應用在所有情境的方法，但對於絕大多數不太複雜的工作來說，這種方法肯定矯枉過正——太緩慢、太昂貴。打造消費性器材設備與裝置跟打造 AI 驅動的 SaaS（Software as a Service，軟體即服務）型服務截然不同。此外，縱使在單一個產品組織內，通常也有非常不同的產品情況。

這就是為什麼我們總是聚焦於產品模式的原理，不論複雜程度、顧客類型、技術種類或產業，原理都適用。所以評估一個組織時你不能只看表面，應該深入了解其脈絡背景，以及團隊是否

作出適當的選擇。

　　錯誤觀念的案例隨處可見，我們在前文中提到很多組織遵循敏捷儀式，使用敏捷教練、配置敏捷角色，但公司依舊遵循每月或每季發布，而不是更頻繁的發布。反觀，很多頂尖產品公司並不認為組織需要仰賴敏捷方法、角色或儀式，而且能夠實踐持續交付。二者相比較，不難看出哪個組織忠實地實踐敏捷的原理。

　　另一個例子跟各種產品職能有關。有些頂尖產品公司把幾個職能結合起來，例如：一位產品設計師同時也是前端工程師的情況並不少見，雖然人才數量很少，但這種做法有明顯的優勢。重點不在於這些公司如何定義設計師的角色，重點在於他們如何善用這些設計師來最大限度地減少浪費、處理風險，並創造有價值且可用的產品。

第3篇

產品模式的職能

在先前模式中，產品團隊的存在是為了服務事業的需要，更準確地說，是為了服務事業領導者的需要。但在產品模式中，**產品團隊的存在目的是以令顧客喜愛、同時也為事業帶來效益的方式為你的顧客和事業解決困難問題。**

有人可能覺得二者聽起來差別不大，但從團隊的工作方式及跟公司各單位互動的方式來看，差別及影響相當大。

想想個中道理。在產品模式中，基本上我們把為問題尋找最佳解決方案的決策與責任下放給相關的產品團隊，讓他們為結果當責。這方式左右了產品模式對新核心職能的需求，優秀的產品是由優秀的產

品團隊打造出來的，優秀的產品團隊必須具備新核心職能。

本書第 3 篇將討論這些核心職能，讓你知道該徵求什麼樣的人才，以及對他們有什麼樣的期望，別被光有新頭銜、但不具備必要技能或經驗的人給糊弄了。

千萬不要低估建立這些新職能需要投入的心力，本書接下來的內容全都是以這些職能為基礎。要清楚認知到，除非你願意建立這些新職能，否則轉型希望大概就此破滅。

你也必須認知到，建立這些新職能可能導致一些在其他職能上建立與發展資歷的人備感威脅。有些人會把產品模式視為一個重要的職涯發展機會，是使他們在未來職場上保持切要性的機會。有些人會看不起這個項目，認為他們已經做過了，也有些人會觀望等待，冀望領導者在幾個月後就對轉型失去興趣。

這裡我們要強調，公司裡的許多現有員工可以被教導、培養成具有必要技能的優秀貢獻者，但別期望這方法能夠套用在全部的員工身上。進一步來說，這方法取決於現有員工的學習意願，並且有能夠幫助他們學習這些新技能的領導者或產品教練。

在第 3 篇我們將說明每一種新核心職能，但內容不夠詳細到你可以藉此學習。這些專業職能中的每一種通常得花數年的時間來學習，事實上我們前兩本著作就是在教導新職能所需的技能與方法。

第 3 篇的內容旨在讓你了解產品模式需要的職能，同時也讓你知道自己可以、也應該對頂著這些職稱的人有何期望。此外，我們也希望你從現在開始思考改變公司的職務說明和職涯發展階梯，用以反映和建立這些新職能。

轉型遭遇的挑戰之一是，許多人採用了產品模式的新職稱，但並未確實學習新職能，這個問題比你想像的還要嚴重。我們想提供一些工具，讓你能夠有效地判斷那些頂著新職稱的人是否確實具備這些新職能。

產品經理、產品設計師及工程師

跨職能產品團隊需要三組很獨特的技能。一般來說，這意味著團隊起碼有三個人，但有時候僅一個人就能夠涵蓋多組技能，或者在一些特例中，打造一項產品可能只需要新職能中的兩組技能。

前文提到為顧客或事業解決問題時，你必須提出令顧客喜愛、又能為你的事業帶來效益的解決方案。為了找到有效的解決方案，產品團隊負責應付以下四類風險：[1]

1. 價值風險（value risk）。顧客會購買我們的解決方案或選擇使用它嗎？

2. 可營利性風險（viability risk，或稱「存續性風險」、「商業可行性風險」）。這個解決方案能為我們的事業帶來效益嗎？我們能夠有效且合法地行銷、銷售、服務、融資及營利它嗎？

---

[1] 除了本書提出的這個風險分類法，還有其他的風險分類法，另一種主要風險分類法由產品設計公司 IDEO 所提出，把風險區分為需求性（desirability）風險、可行性風險及可營利性風險。換言之，IDEO 把價值風險和可用性風險合併成為需求性風險。不過，最重要的還是你必須使用某種風險分類法來確保你的考量涉及所有重要風險。話雖如此，我們發現，IDEO 的風險分類法更適用於消費性產品（每一個使用者都是購買者），反而沒有那麼適用於企業產品，因為這種方類法很容易把使用者能否使用產品，跟顧客會不會購買產品，二者混淆及合併探討，例如：會使用的人並不一定會購買。

3. **可用性風險**（usability risk）。使用者能夠容易地學習及使用這個解決方案，並且認知到它的價值嗎？

4. **可行性風險**（feasibility risk）。我們知道如何使用我們的員工、時間、技術及資料來打造與推廣這個解決方案嗎？

在一個跨職能的產品團隊裡有下列重要的職能及其職責與責任：

- **產品經理**。負責價值風險及可營利性風險，為達成產品的結果當責。

- **產品設計師**。負責可用性風險，為產品的體驗——你的使用者及顧客跟產品的每一次互動——當責。

- **技術領導**。負責可行性風險，為產品的交付當責。

這三種職能的每一種能夠、也確實為解決方案的所有層面作出貢獻，但你必須知道每種風險由誰承擔。正如你看到的，發展每種職能需要相當堅實的一組技能。

產品領導者

產品領導者是負責產品管理、產品設計及工程的經理人，必須招募、聘雇、指導及培養產品經理、產品設計師及工程師。

除了建立及指導產品團隊，這些產品領導者還肩負其他重要責任，包括：研擬具有說服力且動人的產品願景、制定洞察導向的產品策略、審慎研擬的團隊拓撲、定義要解決的重要問題及要達成的事業結果。

更概括地說，這些產品領導者負責確保產品組織校準公司更大的目的——透過追求最佳機會和解決最嚴重的威脅，影響跟產品團隊有關的利害關係人／生態系統來成功地實現目的。

正因如此，你挑選的產品領導者將會左右轉型行動的成敗。如果你還缺乏具備必要技能與經驗的產品領導者，那麼你的第一選擇是先招募這個職位的人選，他們就位之後才有可能展開轉型工作。

話雖如此，在許多公司裡產品領導者只具備一些、但非所有必要的職能與經驗，你可以聘雇外面的產品領導教練，暫時彌補他們欠缺的知識。

其他受到影響的角色

最後，我們必須指出一點，轉型為產品模式的過程還會大幅地影響一些角色。其一是產品行銷，其二是專案管理（又稱為「交付管理」），這些角色在後面章節會詳細地討論。

第10章

產品經理

首先，我們要提醒你，產品經理一直是最難建立的新職能。

你公司很可能已經有頭銜為「產品經理」的人，但這些人很可能只是先前擔任其他角色，例如：「產品負責人」（product owner）、「商業分析師」（business analyst）或「計畫經理」，後來改換頭銜而已。

這個職能之所以那麼麻煩，主要原因是公司先前模式中很可能有頭銜同為「產品經理」的角色，但跟在產品模式中的產品經理職能截然不同，需要具備的技能和肩負的職責也不一樣。

因此，對於這頭銜你必須逐一深入檢視，研判應徵者是否確實具備必要能力。如果沒有，你判斷在接受良好的教練指導之下，他們有可能在合理的時間內具備必要勝任的職能及技能嗎？

如前文所述，在先前模式中，利害關係人隱含著為打造出解決方案的價值及可營利性負責。但在產品模式中，產品經理必須明確地對解決方案的價值及可營利性負責。為了打造出有價值的解決方案，必須深入了解使用者及顧客；為了打造出具有可營利性的解決方案，必須相當了解事業領域。

我們在前作《矽谷最夯・產品專案管理全書》已經深入說明了這個角色，在此不再複述，在本書中我們只想確保你能夠評估擔任這個角色的人是否有能力去做必要的工作。

了解顧客，意味著不僅要了解使用者及顧客如何選擇及使用你的產品（量與質的了解），也要了解市場、競爭情勢、相關的技術及產業趨勢。了解事業領域，意味著學習產品如何獲得經費、營利化、製造、行銷、銷售、交付、服務，以及任何的法律、契約或法遵限制。

通常，新上任的產品經理需要 2 到 3 個月去了解你的顧客及事業，而且這還是在有一位能幹的經理人積極指導之下。如果沒有優秀的經理人積極給予指導，產品經理有可能上任多年仍然缺乏必要知識。這種情況的最明顯症狀就是公司的利害關係人不信任這位產品經理。

你必須知道，工程師和產品設計師通常不具備上述種種知識（儘管我們歡迎他們擁有這些知識），然而產品團隊在探索有效的解決方案時，如果想要作出好選擇，總得有人具備這些知識。所以，當產品團隊缺乏勝任這個職位的產品經理時，就會出現一個明顯跡象：所有決策都必須上升到經理人或利害關係人會議，請他們協助作決策。

為了建立你對此職位所需技能的正確期望，我們開誠布公兩點事實：

1. 根據產品主管底下表現最弱、最差的產品經理作為評量標準。

2. 執行長能夠相信，你的每位產品經理都有潛力在未來 5 年左右成為公司的未來領導者。

雖然凡事一定有例外，但先前模式中的商業分析師、敏捷小組的產品負責人大多無法勝任產品經理這個職務。相較於產品模式中的產品經理，舊職務職能定義得太狹窄，需要的專門知識要少得多。你

的產品經理必須要能夠跟主要的顧客及重要的利害關係人建立信任關係，但這需要優秀的人才能做到。

不幸的是，之所以有那麼多的轉型注定失敗，原因在於公司不願意嚴格地要求產品經理的資質，導致產品團隊不具備必要的跨職能技能、利害關係人不信任產品團隊、產品團隊未能交付必要結果，最終造成產品模式的轉型行動瓦解。

如果你認為可以直接讓既有的產品負責人或商業分析師改換產品經理的頭銜，你的轉型行動很可能正朝失敗之路前進。你的組織可能目前有幾個人需要轉換到其他更適合他們的職務，同樣地，目前可能有些優秀的產品經理人選分布在組織各處。轉型的一個關鍵工作就是辨識這些高潛力人選，把他們安置在重要職務上，並指導教練他們。

你尋找的產品經理應該具有以下特質：對事業有廣泛的了解，並有能力快速學習事業其他領域的知識；為了理解行為及趨勢而自在地沉浸於資料中；想跟使用者及顧客面對面互動；願意捲起袖子跟設計師及工程師一起探索，嘗試找出解決方案來解決許多不同的限制；喜歡盡其所能地快速學習，並通力合作解決困難問題。

最後再講一點，希望讓你更了解產品經理有多重要：如果你認為公司只招募優秀人才，所以找到符合職能的產品經理並不難。那麼根據我們的經驗，你正走在轉型失敗的道路上。

深入閱讀｜直接接觸

　　產品團隊如果想找到且交付有效的解決方案，他們（尤其是產品經理）絕對要能夠直接、不受阻礙地接觸以下三個部分：

　　1. 使用者及顧客；

　　2. 產品資料；

　　3. 事業利害關係人。

直接接觸使用者及顧客

　　如果無法直接、且不受阻礙地接觸實際的使用者與顧客，產品團隊將成功無望。使用者及顧客不僅提供有關未解決問題的靈感，他們也可以成為你快速測試解決方案的對象。

　　為什麼產品經理和產品設計師需要直接接觸使用者及顧客，這觀點直覺上應該很好理解，但為什麼也應該讓工程師直接接觸使用者，個中道理就沒那麼明顯了。你不需要讓所有工程師去「尾隨」每一位顧客或使用者，但當工程師目睹使用者在使用產品時陷入的困境，「奇蹟就會發生」，所以愈鼓勵與促進這種互動，愈有助他們找到解決方案。

　　當然，你必須確保這些人接受過「如何適當地與顧客互動」的訓練與指導，但這裡的重點是別讓任何人阻礙產品團隊直接接觸顧客——別被銷售和行銷人員、顧客成功團隊、使用者研究

員、顧客的供應商經理或任何人阻礙。❶

話雖如此，偶爾讓其他人參與你和使用者直接互動的過程也無妨。例如：讓一位重要的利害關係人或感興趣的主管參與這種直接互動可能有些影響力，尤其是當你認為需要這位利害關係人或主管產生相同的同理心時。

直接接觸產品資料

產品經理需要直接接觸產品資料，以便根據這些資料作出決策。一般來說，不同的資料來源含有不同種類的資料，例如：使用者如何與產品互動、顧客如何購買產品、顧客行為如何歷經時日地改變。

資料分析師和資料科學家當然能夠幫助產品團隊解釋這類複雜的資料型態，但根據這些資料作出決策還是產品經理的職責，因此他必須直接接觸資料。

在某些公司會限制資料的存取，以維護顧客隱私及安全性。你可以建立系統來強化適當的資料治理、存取、匿名化及資料匯總，但必須得讓產品團隊能夠直接接觸必要資料。跟直接接觸顧客與使用者一樣，直接接觸資料也是產品模式的基本要素，如果

---

❶ 大多數的公司直覺地了解到必須讓產品經理直接跟使用者及顧客互動，但某些公司確有異議，我們將在第 10 篇（克服異議）繼續討論。現在只要了解：讓產品團隊持續地直接與顧客互動，是產品營運模式中絕對必要的做法。

無法直接接觸資料，產品經理將盲目行動。

直接接觸事業利害關係人

為了找到能夠對事業帶來效益的解決方案，產品團隊必須解決各種事業上的限制條件：行銷、銷售、服務、財務、法律、法遵、製造、主題專家（subject matter experts）等，因此產品經理必須直接接觸事業中負責這些限制條件的領導者。

產品經理必須跟這些打好關係，投入時間及心力去了解各個利害關係人的疑慮和需求，必須讓利害關係人真心相信產品經理了解相關的限制條件，並確定產品團隊在所有提出的解決方案中，都將這些限制條件納入考慮及處理。你也必須讓利害關係人知道，在可營利性不確定的灰色地帶打造產品或功能之前，產品經理會先和利害關係人討論。

想找到解決顧客及事業問題的有效解決方案需要通力合作，而產品經理和利害關係人之間的信任正是健全地通力合作的重要關鍵。

直接接觸使用者與顧客、直接接觸資料、直接接觸利害關係人是關鍵。直接、持續接觸能使產品經理確保產品團隊打造出有價值、可營利的解決方案。

如果你的產品經理受阻而無法直接接觸這三個部分中的任何一個，他們的工作很可能會失敗。這意味著你必須確保產品團隊

能夠直接接觸這三個部分，並反對任何所謂「意圖良善」的人或繁瑣的流程介入、阻擋在產品經理和三者之間。

有些公司，尤其是那些向來把工作外包給外部工程師的公司，產品經理還必須直接、不受阻礙地接觸另一個團體：工程師。這應該是再明顯不過的道理了，但許多來自 IT 模式的人卻不明白。在以下環境中工作的人，可能無法直接接觸工程師：

- 使用外包工程師；
- 工程師分布於難以互動的不同時區，或是認為必須保護工程師，避免他們在編程時受到干擾；
- 產品團隊區分開來，產品經理負責跟使用者及顧客互動，其他人（例如：產品負責人或專案經理）負責跟工程師互動。

由於工程師天天在工作中使用賦能技術，他們最了解技術**現在有可能做到什麼**，但前提是工程師必須天天和產品經理直接互動才有可能發生。所以，最起碼產品經理必須直接接觸技術領導。

深入閱讀｜領域專長呢？

你可能已經注意到，前文在說明優秀的產品經理應該具備哪些特質時，沒有提到領域專長（domain expertise）。舉例而言，

如果你公司的產品是保險產品，那招聘來的產品經理需要擁有多少保險方面的相關知識呢？

這個主題之所以重要，是因為正在轉型的公司常從顧客群那裡招募產品經理，或是招募具有深度領域經驗的人擔任產品經理。但是，在大多數案例中這做法是錯的。領域知識甚少的人擔任產品經理確實會在工作上遭遇困難，這點大概沒人感到意外；遠遠更令人意外的是，當產品經理的領域知識太豐富時，反而導致很多問題。

我們當然期望新產品經理上任幾個月後就能變成領域專家，但這裡談的是直接招募領域專家來擔任產品經理的危險性，他們以往的領域經驗反而會帶來麻煩。

產品思想領袖施瑞雅斯‧道許指出，真正的領域專長等於領域**知識**（knowledge）減去領域**教條**（dogma）。很多在領域鑽研多年的人難以區分教條與專長，但問題是**領域教條嚴重阻礙創新**，這些人可能舉出種種理由說某個構想行不通，直到不受教條束縛的人展示這個構想可行為止。

當需要特定領域的淵博學識時，你可以招募一位專門的領域專家，提供給多支產品團隊共用，例如：外科手術儀器、稅務文件或監管當局的申報資料等知識。

第11章

產品設計師

大多數推動產品模式的公司原本就有設計師，但原有設計師跟產品模式中設計師扮演的角色非常不同。

在先前模式中，設計師通常扮演為產品經理提供服務的角色或是支援行銷組織，這些全都不是產品模式中需要的任務。在產品模式中，我們需要設計師處理兩個課題：產品如何運作，以及產品探索。

產品如何運作

關於產品如何運作的課題，在先前模式中，設計師的技能範疇通常比較小，而且他們大多是平面設計師或視覺設計師，雖然說這些技能在工作上絕對有幫助，但誠如賈伯斯（Steve Jobs）所言：

「設計不只是外觀或感覺，設計是關於產品如何運作。」

在產品模式中，我們需要設計師發揮更大的功能，負責整體的顧客體驗，以及使用者和顧客如何體驗產品的價值。在此，我們稱設計師為產品設計師，需要藉助於他們擅長的服務設計、互動設計、視覺設計，如果產品是器材設備與裝置的話，也需要他們的工業設計能力。

我們不需要產品設計師是所有設計形式的專家，但就大多數產品而言，產品設計師必須具備優秀的互動設計知識與技能。其中，互動設計必須了解技術與人（使用者及顧客）如何相互溝通。

產品探索

你公司現有的設計師通常處理的第二個課題是，在最後把產品外觀設計得很漂亮，或至少加上一些門面裝飾，使產品看起來「師出同門」，全來自同一家公司。但在產品模式中，你需要產品設計師探索產品，並找到有效的解決方案。

熟練的產品設計師經過培訓可以直接跟使用者及顧客互動，並進入他們的腦袋裡，了解他們如何看待你正想方設法為他們解決的問題，了解他們如何看待你提出的潛在解決方案。優秀的產品設計師致力於設計令使用者及顧客感覺可識別且直覺的**整體體驗**。

此外，優秀的產品設計師不僅重視實際體驗，他們有意圖地透過設計去**改變體驗**。只要這些改變設計得當，使用者甚至不會注意到產品持續推出的改變與改進，但當使用者真正注意到改變時，經驗也會引導他們歷經這些改變，不需要任何形式的再訓練或打掉重練。

在日常的產品探索中，產品設計師是產品經理與技術領導的重要夥伴。產品設計師通常率先以原型的形式來表達產品構想，讓你可以體驗、思考、評估及測試。產品設計師在一週內設計出十幾種或更多種原型的情況並不常見，而且這些原型大多會被丟棄，但每一種原型都能幫助你更接近一個有效的解決方案。

基於對技能水準的要求，以及採行產品模式的公司對產品設計師

的人才需求，你必須先有心理準備，這些備受重視的專業人員，其薪酬通常跟產品經理及工程師的薪酬水準相當。一般而言，每一支負責直接面對使用者的產品或服務產品團隊，需要一位專門的產品設計師。

　　隨著更多公司轉型為產品模式，以及市場上有更多類型的產品公司（例如：專門銷售產品或服務給大企業的產品公司），他們都需要產品設計師的協助，因此這些專業人員的市場需求將持續成長。

第 **12** 章

技術領導

　　討論工程師時，跟討論產品經理或產品設計師有一個很重大的差別。每一支跨功能產品團隊只有一位專門的產品經理及產品設計師，因此他們每一個人肩負相當多的職責與期望。但是，每一支產品團隊通常有多位工程師。

　　不同類型的產品團隊——使用不同的技術來工作，負責不同範疇——需要或多或少具備各種專業知識的工程師。由於有多名工程師，因此可以同時混合各種技能和經驗水準，例如：在一支產品團隊裡，通常有至少一位高級工程師擔任技術領導角色，有些是有幾年經驗的工程師，可能還有幾位剛展開職業生涯的工程師。

　　有些公司偏好有經驗的工程師；有些公司偏好剛進入職場、可以從頭培養良好習慣的工程師。選擇權取決於公司的工程主管。

　　在此，我們必須討論最高級工程師的角色，我們稱其為「技術領導」（tech lead，也稱為技術組長）**❶**。先釐清一點觀念，技術領導通常是一位個人貢獻者，不是工程經理。產品模式的工程師跟先前模式的工程師有兩個層面上的差異。

第一個層面的差異，跟在產品模式與一般「IT 系統」模式中打造解決方案的複雜程度有關。近乎所有技術尚未深入了解之前，表面上看起來都無比簡單。話雖如此，在擴展、效能、容錯度、可靠性、國際化、測試自動化、基礎設施部署、新興技術、管理技術負債的架構與策略等方面，這些明顯的差異可茲區別產品工程師。這些方面的經驗極其寶貴，因為這些領域的錯誤可能代價很高。

第二個層面關乎工程師是否只負責執行產品經理和產品設計師提出的解決方案，抑或也幫忙決定哪種解決方案最有效（然後負責執行）。**產品模式的所有基本原理當中，最重要的一個原理是：必須認知到創新完全仰賴被賦權的工程師。**基於工程師天天使用賦能技術，他們最能看出現在的技術有可能做到什麼。不過這裡有個前提，那就是工程師不僅關心如何打造產品，也同樣關心要打造什麼產品。

一個存在已久、經常誤導大眾的格言是：「產品經理負責做**什麼**及**為什麼**要做，工程師負責**如何**做」。這句話完全不了解被賦權產品團隊的含義，也不了解真正的創新源頭。產品模式之所以不使用外包工程師，主要原因在於這做法會導致團隊直到開發流程晚期才導入工程師，而他們對顧客的處境了解太少，以致於喪失創新的好機會。

理想上，所有的工程師都應該參與最佳解決方案的決策流程，而非只從事打造解決方案的工作。話雖如此，有些工程師——尤其是較資淺的工程師——只做打造解決方案的工作，而且這種情況很常見。

---

❶ 在本書中，我們使用「技術領導」一詞來稱呼產品團隊中最高級的個人貢獻工程師，但這個重要角色還有許多其他的名稱。公司使用什麼頭銜並不重要，重點是技術領導不能只關心如何打造產品，也要關心打造什麼產品。

每支產品團隊只要有一位技術領導願意跟產品經理與產品設計師一起探索產品，為團隊正在努力解決的問題找到有效的解決方案，你就能成功。更確切地闡釋這個重點：**如果技術領導不能或不願意參與產品探索，那麼幾乎可以確定，你的最終產品不會達成你的目標。**所以，你必須在技術領導的制式職務說明中包含這個項目。實務上，這過程不需要花技術領導每天太多時間，但也確實需要一些時間，通常一天大約花不到 1 小時，然後天天執行。❷

大多數的技術領導會告訴你，在初期階段花個幾分鐘讓他們參與產品構想流程，之後可以節省數週至數月（決策未諮詢他們所導致）的損害控制時間。

---

❷ 我們偶爾會遇到一支工程團隊有相反的問題——他們想把所有時間投入在產品探索。這通常出於他們厭倦了無止盡地打造他們認為無用的功能。遇上這樣的情況，你可能需要提醒他們，其首要職責是打造必要交付的產品。不過，也不用太過擔心，這不但是個好問題，也很好矯正。

第 13 章

產品領導者

太多人天真地以為，想轉型為被賦權產品團隊和產品模式只需要經理人放手、停止微管理，讓產品團隊有空間去做他們應該做的事就好。但事實上，在產品模式中，被賦權產品團隊仰賴更好的領導，而非更少的領導。這是什麼意思呢？

誠如英特爾（Intel）傳奇執行長安迪‧葛洛夫（Andy Grove）所言：

「是什麼阻礙了好工作？只有兩種可能性：其一、人們不知道如何把工作做好；其二、他們知道如何把工作做好，但他們未必被鼓勵這麼做。」

下文逐一處理這兩個問題。

管理

我們首先討論管理階層的責任，這主要涉及指導與人員配置。

指導

在產品模式中，優秀領導最常被忽視的工作就是教練（coaching），

每一位產品經理最重要的職責是發展團隊成員的技能。這絕對不是對團隊施以微管理，而是指評估與了解他們的長處與弱點，提出一份教練指導計畫，然後投入必要且有品質的時間去幫助他們改善。

更概括地說，有人必須致力於增進一支產品團隊中每一位成員的技能，正因如此，擁有頂尖技術的產品組織，工程師的直屬主管大多是經驗豐富的工程經理，設計師的直屬主管是經驗豐富的設計經理，產品經理的直屬主管是優秀的產品管理經理人。

你需要投入教練的時間和心力取決於團隊成員的數量和經驗程度，這裡先給你做好心理準備：初階經理人通常需要將每週工作時間的 80％投入在人員配置和教練。

人員配置

經理人負責產品團隊的人員配置，包括：覓才、招募、面試、聘雇、評量、晉升，以及在必要時更換團隊成員。如果你的公司有人力資源部門，他們可以在這些活動上支援經理人，但他們不能取代經理人上述那些職責，這觀念很重要，必須讓你的經理人了解。

由於被賦權產品團隊由能幹稱職的產品經理、產品設計師及工程師為基礎組成，使得公司必須提高人員配置與教練的門檻。高水準的人員配置相當困難，得投入可觀的時間與心力，你大概會覺得這不是你喜歡的工作，跟產品根本沒有關係。但是，誠如亞馬遜創辦人暨執行董事貝佐斯（Jeff Bezos）所言：

「對我們的人才招募方法設立高標準，一直是、未來仍將是亞馬遜成功最重要的因素。」

領導

　　領導產品組織基本上有兩種主要模式。

　　你可以採行「指揮與控管」（command and control）模式，明白地告訴員工你需要他們做什麼，通常是指派他們擬定一份要打造功能與專案的路徑圖。在這種模式下，由領導者和利害關係人作出大多數的重要決策，你的產品團隊（或者更正確地說，功能團隊）負責執行這些決策。無可否認地，指揮與控管是比較容易執行的模式。

　　另一種模式是，你可以用賦權的模式來領導團隊，指派事業或顧客問題由他們解決，放手讓產品團隊決定解決這些問題的最佳方式。但是，如果你選擇把重要決策下放給產品團隊，你必須為這些團隊提供作出好決策所需的策略脈絡背景，尤其是產品願景和產品策略。

　　如果領導者發現他不認同被賦權產品團隊得出的最終結果，或是突然在工作接近尾聲時介入其中，甚至是改變決策方向，那麼這位領導者必須反省自己應該在一開始就要放棄哪些背景脈絡，從而避免工作接近尾聲才作出回饋。這是一項需要反省與改進的新技巧。

　　網飛公司的座右銘就是這個道理：

　　「以背景脈絡來領導，而非用控管來領導。」

　　確切地說，產品領導者負責產品願景、團隊拓撲、產品策略及明確具體的團隊目標。一個展現堅實企業文化的好現象是，產品團隊各個成員可以貢獻想法或洞察，但最終目標是領導者的職責所在，因為這些涉及整個產品團隊努力的方向。

產品願景

　　產品願景描繪出你試圖創造的未來，尤其重要的是描繪了如何改善顧客的生活方式。產品願景是產品團隊的共同目標，至於達成產品願景的時間通常介於 3 到 10 年。

　　每家公司裡跨功能、被賦權的產品團隊數量不一。新創公司可能只有幾支產品團隊，大企業裡可能有數百支產品團隊，但所有團隊全都必須朝著相同方向前進，以各自的專業為實現產品願景作出貢獻。

　　把產品願景想成一個至高點，在此處先確保你已經校準所有產品團隊和利害關係人。如果我們能夠在這個層面上達成一致的共識，日後將可以免去很多有關解決方案的爭論。校準產品願景也有助於建立對使用者及顧客的同理心。

　　有些公司把產品願景稱為北極星，意指不論你屬於哪一支產品團隊，不論你試圖解決什麼特定問題，你總是知道自己正在為更有意義的整體貢獻心力。概括地說，產品願景是每天激勵與振奮團隊前來工作的原因，月復一月，年復一年。產品願景積極主動地引導團隊發展產品，而非總是被動地反應。

　　值得一提的是，產品願景通常是招募優秀的產品團隊成員最強而有力的工具。研擬有說服力且動人的產品願景，跟設計策略脈絡背景的那些元素有點不同。產品願景是藝術成分多過科學成分，其目的是要**說服與激勵**他人，因此必須訴諸**情感共鳴**。產品願景是談論你將如何改善顧客生活。

　　最後，產品願景別拘泥細節，否則團隊會認為這是規定。不過，產品願景也要有足夠的細節，讓人確實了解你試圖達成什麼願景。雖

然，研擬產品願景並不容易，但值得為其努力，因為好的產品願景將為團隊帶來源源不絕的動力，而且他們要做的很多事都衍生自產品願景，包括：架構、團隊拓撲、產品策略，當然，還有你未來幾年間推出的產品。

團隊拓撲

團隊拓撲是指你如何定義各個產品團隊的責任與權利歸屬，其中包括了團隊結構與範疇及彼此之間的關係。許多公司內部早就有團隊拓撲，但建立過程往往沒有任何目的，只是反映公司組織架構而已。〔這種常見的拓撲反型態被稱為「康威定律」（Conway's Law）。〕

在產品模式下，團隊拓撲的目標是把賦權最大化，做法是透過鬆散耦合、卻有高度共識的團隊來實現這個目標。提出有成效的團隊拓撲是產品領導者最困難、但最重要的職責之一，尤其是在產品團隊數量很多的情況之下。團隊拓撲需要產品主管、設計主管及工程主管之間密切合作與協商，而且作出的決策將影響各團隊之間的關係及互依性，以及各團隊實際上「擁有／承擔」什麼責任。

如果團隊拓撲執行得當，產品團隊被授予高度的自主權，他們將對各自的工作及如何為整體作出貢獻具有高度的所有權感。團隊可以處理困難問題、快速行動，然後看到結果。

產品策略

產品策略用來描述你打算如何實現產品願景，同時又滿足事業需求。產品策略始於聚焦及利用你的洞察，把這些洞察轉化為行動，並

管理所有工作直至任務完成。我們將在第 16 章（產品策略）深入討論這個主題。

概括而言，產品策略幫助你從所有產品團隊（不管多少支產品團隊）中獲取最大的價值。產品策略的產出是一組要解決的事業或顧客問題（亦即產品團隊的目標），然後領導者把這些問題指派給各支產品團隊負責。

優秀的產品領導者將在產品策略這項工作上展現過人之處。他們決定應該聚焦什麼、該捨棄什麼，有時候這些決定可能不被其他領導者接受。優秀的產品領導者視跟產品有關的資料和洞察如生命般重要，並且不斷地尋找驅動產品策略的槓桿點。出色的產品策略可以幫助小型組織贏過大型企業的競爭者。

不幸的是，建立優異的產品策略沒有輕鬆的捷徑，過程中需要花時間與心力去匯總與消化你需要的資料及洞察。

團隊目標

為了執行產品策略，領導者必須指派給每一支產品團隊一個或二個明確的目標（通常是季目標），這些目標就是團隊被要求解決的問題。這些目標直接源於產品策略，亦即把洞察轉化為行動。這也是賦權成真的時刻，不再只是漂亮的口號。

換句話說，產品團隊被指派去解決的幾個重要問題就是團隊目標。團隊思考這些問題，提議清楚的成功評量指標（關鍵結果），然後跟他們的領導者討論。領導者也許需要跟團隊及其他人進行內容迭代，試圖盡可能地涵蓋更大的組織的目標。

產品團隊是否真正獲得賦權，檢驗方法是看這支團隊能否針對被指派解決的問題（亦即團隊目標）自主地決定最佳解決方案。有足夠自信、安全感的優秀產品領導者才會真正授權部屬，讓他們自主工作，並將最後功勞歸功於團隊。

持續傳播福音

產品領導者最後一個重要的角色，是向產品組織及整個公司溝通產品模式及策略脈絡背景──產品願景、團隊拓撲及產品策略。

這需要持續傳播福音的行動，在人才招募、入職訓練、每週一對一教練指導、全員會議、團隊午餐、業務會報、顧客簡報會議等場合溝通。組織規模愈大，愈需要持續不懈的福音傳播，產品領導者必須了解福音傳播是永無止境、必須持續地進行的工作。

你可以看出，在採行賦權產品團隊模式的頂尖產品公司，產品領導者的工作跟先前工作模式不同，也較為困難。你也會注意到，本書後文講述的每個成功轉型案例中，執行長特別關注優秀領導者所負責的產品管理、產品設計及工程。

深入閱讀｜產品營運部門

產品團隊的工作是快速測試構想，研判構想是否行得通，爾後才會投入時間與金錢去打造一個要投入生產環境裡的解決方案。

有時候，你根據收集到的資料來作決策；有時候，你透過與實際使用者及顧客如何使用產品體驗互動來作出決策。一些公司早就意識到，只需付出相當小的投資來支援產品團隊作決策的方式，團隊的工作速度與成效就能提高。

使用者研究員擅長直接測試使用者及顧客，他們為這類測試做準備、執行測試，並從測試結果得出正確的結論。資料分析師擅長準備即時資料測試，收集足夠達到信賴度的必要數據數量，並且從結果得出正確結論。

有些公司建立大量的使用者研究員和資料分析師小組來為產品團隊進行測試，這種做法聽起來似乎很有效率，但卻會導致產品團隊缺乏直接、密集、主動地跟使用者及顧客互動所帶來的效益，如果測試所獲得的洞察沒辦法進入產品團隊成員的思維裡，這些洞察的價值就大幅降低。❶

有些公司則是把使用者和即時資料的測試完全交給產品團隊，這種做法有其成效，不過礙於產品團隊通常不熟悉測試的最佳技巧與方法，有時候可能得出錯誤結論，導致得花更多時間迭代及測試。

我們發現，最好的方法是建立一支由使用者研究員和資料分析師建立的小組，讓他們指導及支援眾多的產品團隊，幫助他們快速行動及作出好決策，並確保能跟產品領導者直接分享洞察，

---

❶ 扼要地講述使用者的研究結果就如同扼要講述度假體驗，真正的價值來自親身體驗。

因為這些洞察可能對產品策略的下一次迭代有所幫助。

在許多公司，使用者研究員和資料分析師通常隸屬不同部門或團隊，而少數公司則把他們匯集在一個小型的「產品營運」（product operations，簡稱 product ops）部門，藉此提高這個重要支援部門的能見度。話雖如此，你必須非常小心，避免他們變成中介角色，縱使他們也是出於好意。

同前文所述，跨功能產品團隊如果要有成效與成功，他們必須直接接觸使用者及顧客、直接接觸那些使用者生成的資料、直接接觸事業的各個利害關係人。

一個重要警告：有些公司對產品營運的定義跟本書敘述的定義差異很大。最嚴重的問題是，當意圖良善的產品營運部門以為他們的工作是介於產品團隊及其使用者與顧客、資料及利害關係人之間，這想法會產生中介作用，切忌建立這樣的中介角色。

我們將在後文更詳細討論另一個危險的問題：「產品營運部門」一詞被用來掩飾「專案管理辦公室」（program management office，簡稱 PMO）的復辟。這是個大問題，因為舊式專案管理辦公室往往展現我們試圖消除的「指揮與控管」文化。一般來說，如果不歷經一番奮鬥，很難消除先前模式，因此你必須慎防專案管理辦公室復辟的可能性。

深入閱讀｜ AI 對產品團隊的影響

　　新進發展的 AI 技術使產品團隊能夠提供新一代的產品與服務，並且以過往我們無法做到、更好的方式解決問題，甚至還將會影響員工的核心職能。

　　跟許多其他的職務一樣，產品經理、產品設計師及工程師全受益於那些把較單調乏味的工作自動化、研究與評估新構想並顯著改善生產力的工具。我們預期這種情況會繼續發展，尤其是有助於工程師作業的工具。

　　不過，與此同時，在道德風險及商業可行性風險方面也有更多的課題等著我們處理。其結果是，儘管現在產品團隊能夠做更多事情了，但在很多情況下，牽涉的利害關係與風險也升高。

　　採用產品模式的公司將繼續實驗演進中的 AI 技術與工具，並擁抱及採用行得通的技術與工具。在持續評估如何把新技術融入產品來幫助顧客的同時，優秀的產品團隊也將繼續評估新技術如何幫助你打造出這些產品。

第14章

創新故事：Almosafer

馬提評註：這是一個傑出創新的例子，而且公司來自於不以技術驅動型創新聞名的地區。但是，多年來我學到一點，優秀人才無所不在，當這些人改採產品模式時，他們能夠產生不同凡響的創新。優秀的領導者結合優秀的產品團隊，足夠應付疫情帶來的挑戰。

公司背景

西拉集團（Seera Group）旗下的 Almosafer 是一家總部位於沙烏地阿拉伯王國（KSA）的旅行業公司，為廣大的中東地區服務。該公司專門滿足該地區國家和文化的在地需求，以及服務世界各地前往中東觀光及宗教旅遊的人。

Almosafer 從實體旅行社起家，多年間服務中東地區個人、企業及政府的旅行需求。但是，就跟世界其他地區一樣，網際網路問世後很快地出現幾家大型全球性旅行服務公司，實體旅行社難以與其競爭。

全球性旅行服務公司享有規模經濟和技術驅動型解決方案的優

勢，但極少顧及地方性需求、風俗及在地行為。因此，世界各地的區域性公司有一個明顯的商機，那就是他們了解在地需求，也有技能與技術去滿足這些需求。

2018 年，Almosafer 產品領導者羅尼・瓦希斯（Ronnie Varghese）、技術領導者凱斯・阿默里（Qais Amori）及其他高階領導者決定，為了更好地服務中東地區的顧客，他們必須建立一支數位團隊，該團隊必須探索與交付優於全球性旅行服務公司的解決方案，因此他們決定將組織轉型為產品營運模式。

轉型行動在 2018 年熱烈展開，迅速為公司事業交付好結果。最重要的是，他們建立幾項重要的新能力。他們現在能夠持續造訪顧客以辨識尚未獲得滿足的需求；收集與分析資料以了解解決方案奏不奏效；快速打造原型以測試構想。他們現在能夠發現顧客真正喜愛的解決方案，因為這些解決方案以全球性旅行服務公司根本不了解的方式滿足客顧特殊需求。

頭一年，Almosafer 聚焦於兩大領域：顯著改善顧客體驗；建立技術基礎設施與架構，這做法不僅降低營運成本，也使該公司能夠在未來持續創新及服務顧客。光是旅行業務的飛機航班這部分投資，該公司就能發展成一個規模達 10 億美元的事業。

除了改善產品，這支數位團隊也在中東地區建立了「另類公司」的美譽——獨特地結合人才與技術作為驅動力，像世界級頂尖公司那樣地運作。該公司向同業、國家及中東地區證明自己能夠和任何一家公司競爭。

Almosafer 正在創造真正的區域性成功故事，之後他們步出國界拓

展至其他國家與地區。

需要解決的問題

　　跟世界其他地區一樣，新冠肺炎疫情導致大部分的旅行活動被迫暫停，沙烏地阿拉伯受創尤其嚴重，因為該地區的旅行業務大多是國際旅遊。所幸，前一年的努力讓 Almosafer 數位團隊做好解決難題的準備，儘管疫情必然是另一種考驗。

　　該公司產品團隊持續和顧客（消費者及企業）互動，辨識了許多潛在機會。他們早前觀察到一個機會是，設法使親友能夠安全無虞地聚會，現在疫情使他們感興趣的洞察可能性變成一個必要的需求。

　　在沙烏地阿拉伯，有一種歷史悠久的文化傳統名為「istiraha」，直譯為「休息之地」，通常意指一個大而開放的庭院或戶外場地，附設可烹飪食物的廚房，前來聚會的人們可坐在蔭涼處呼吸新鮮空氣。親友齊聚 istiraha 只是為了團聚或慶祝特別事件。

　　在疫情肆虐下，人們必須避免室內聚會，於是尋找並預訂 istiraha 場地就成為重要、尚未被滿足的需求。不同於旅館或航空公司，這些特殊場地甚至沒有任何形式的登記或名冊。還有另一個重要的差異在於，跟人們預訂一般過夜的投宿旅館不同，預訂 istiraha 的時段是預定日的中午到傍晚。

找到解決方案

　　Almossafer 產品團隊知道，這將是一種特別冒險的產品類別，因為絕大多數的產品是既有問題的新解決方案，而這個產品則是屬於新問

題（亦即需要尋找及預訂 istiraha）的新解決方案。他們不僅需要一個優異的解決方案，還需要發展市場——基本上就是必須重新教育這個地區的人們，使其了解市場上有這種新類型的產品供應。

為了在旅行市場上推出這種新型態的預訂服務，產品團隊必須和事業發展及行銷部門密切合作，辨識可供出租的 istirahas 來確保供給量，與此同時，也探索 istirahas 預定者所需的顧客體驗。產品團隊和產品教練荷普‧葛里昂（Hope Gurion，參見本書後文對他的介紹）在這項工作中攜手合作，確保產品團隊能夠快速得出一個優異的解決方案。

另一個挑戰是，產品團隊必須調整他們的工作模式，改為遠距作業。由於他們已經建立團隊所需的技能，以及團隊內部的信賴感，因此他們能夠快速轉換工作模式，在探索問題和解決方案的階段有效地遠距合作、遠距研究顧客。

結果

這個新產品有很多的未知數。沒有人知道究竟存在多少的 istirahas，更遑論有多少業主願意在市場上張貼出租資訊，以及有多少人會預訂。產品團隊的初始事業目標是使這項快速打造出來的新產品在產品市場上造成轟動，然後把焦點轉向成長。現在，istirahas 已經是市場上不可或缺且快速成長的產品類別。

除了財務上的成功，這項新產品也為沙烏地阿拉伯及中東地區提供應時應景的重要服務，該地區少有人冀望哪家全球性旅行服務公司會關心他們到作出必要投資。現在，Almosafer 在中東地區的市場占有率已經超過 70％，如此非凡的結果絕非來自任何單一能力或產品供

應，而是持續地結合人才與技術，並致力於真正關心顧客。

　　Almosafer 是中東地區真正的創新成功案例之一，該公司繼續在該地區的更多國家擴展業務。他們處於有利地位，可以繼續蓬勃發展。

第4篇

產品模式的概念

　　轉型為產品模式涉及的不只是幾種新職能，還有一些重要的概念——基本上，就是一些幫助你持續創造有效產品的新活動。其中有些概念跟公司以往從事的活動很類似，但其實也有很重要的差別，其中有些活動很可能是全新的、公司從未做過的活動。

　　第4篇旨在說明這些重要的產品模式概念。轉型為產品模式的過程並非所有事情都同樣重要，其中一些概念非常關鍵，這些概念就是我們在接下來幾個章節要討論的。至於其他概念雖說有幫助，但不太可能左右成敗。

　　此外，通常有幾種可能的途徑來實現相同的目標，但產品模式的

重要概念是不論你訴諸什麼途徑，這些概念一定要做對。正確掌握這些關鍵概念，你邁向成功之路的機會就會增加。相反地，這其中任何一個重要概念做錯了，你的轉型行動將開始瓦解。

產品模式的第一性原理

我們敘述的每一個重要概念是基於產品模式的第一性原理。

這些產品模式的第一性原理代表所有頂尖產品公司的溝通信念，不論這些公司是一成立就採行產品模式，抑或是後來才轉型為產品模式；不論是小型公司抑或大型公司；不論公司是服務消費者抑或是服務企業；不論公司是打造軟體抑或硬體設備。

此外，如果你了解這些產品模式的第一性原理，你可以快速地判斷一個新流程、一個新方法或一個新角色，甚至是你正在面試的團隊成員經驗是否對團隊有幫助，抑或有潛在危害性。

產品模式概念

產品模式的基礎是跨功能、被賦權的**產品團隊**，本書討論的大部分內容旨在幫助你讓這些產品團隊做他們分內的事。沒有一家公司能夠隨心所欲地擁有想要人才或產品團隊，因此你必須明智地充分利用現有人才。為此，你必須有一個動人的產品願景，結合一個洞察導向**產品策略**。

在先前模式中，產品策略沒有那麼重要，因為功能團隊的存在主要是為了服務事業利害關係人的需要，但在產品模式中，在辨識最佳產品機會與最嚴重的威脅、選擇要解決的最重要問題方面，產品策略

扮演核心與關鍵角色。

把要解決的重要問題指派給各個產品團隊之後，這些產品團隊必須善於**產品探索**，找出值得打造的解決方案。打造任何產品之前，首先得評估產品風險，接著以最快、最不昂貴的方式，測試潛在的解決方案。在產品模式中，努力探索與交付很多的功能遠遠不夠，你必須以能夠為事業帶來效益的方式為你的顧客解決問題，這意味著交付優異的產品結果。

一旦你認為已經辨識出一個值得打造的解決方案，必須打造與交付這解決方案給你的顧客。為了一致、快速、可靠的執行，需要一套「**產品交付**」（product delivery）技能。為了確實地照顧你的顧客──既反應他們的需求，也持續交付新價值給他們──產品團隊必須能夠交付頻繁、小規模、可靠、解耦、經過檢測和監控的版本。

最後，還有一組產品模式的第一性原理特別有助於創建持續創新的**產品文化**。不過，你必須先了解一個重點：建立這種新產品文化需要花很長的時間，但要摧毀它卻很容易。你必須持續提醒自己有關產品模式原理的重要性，公司裡總是存在把你拉離正軌的力量，為了抵抗這些力量，從持續警覺這些原理做起。

第15章

產品團隊

在所有產品模式概念中，最根本的概念是獲得賦權的跨功能產品團隊。有效的創新產品來自產品團隊，產品模式主要就是建立及培育這些產品團隊。

原理 1：賦權解決問題

首先說明何謂「被賦權」（empowered）。一支被賦權產品團隊的存在是為了以**顧客喜愛、且為事業帶來效益**的方式**解決問題**。所謂賦權給產品團隊，是指把要解決的問題（可能是顧客問題或是公司問題）指派給產品團隊，他們的工作是找出這些問題的最佳解決方案。

很重要且必須認知到的一點是，被賦權產品團隊跟 IT 模式中的功能團隊非常不同，功能團隊是被給予排好優先順序的功能與專案清單，並按照這份清單去打造產品或功能。

其次說明何謂跨功能（cross-functional）。一支跨功能產品團隊有涵蓋每一個必要的產品模式職能、能夠對指派問題提出優異解決方案的成員。被賦權產品團隊必須具有各種職能，如果團隊成員沒有具備

廣泛且必要的能力，就不能合理地期望他們能夠解決問題，並且為結果當責。

　　一般來說，這意味著產品團隊有 1 位產品經理、1 位產品設計師及一群工程師。前文已經說明過這些人的職責與責任，但因為太重要了，值得在此複述：

- **產品經理**。負責價值風險及可營利性風險，為達成產品的結果當責。
- **產品設計師**。負責可用性風險，為產品的體驗——你的使用者及顧客，以及產品的每一次互動——當責。
- **技術領導**。負責可行性風險，為產品的交付當責。

　　有些人喜歡稱產品團隊的這三人為「產品三人組」（product triad）或「troika」。❶

　　正常來說，產品團隊會根據需要而招聘很多的工程師，有些工程師有特定專長，例如：資料科學、行動技術或測試自動化／品質保證，有些工程師有廣泛的技能組合能夠處理不同技術的相關工作，他們通常被稱為「全端工程師」（full-stack engineer）。

---

❶ 雖然，我們不介意「產品三人組」一詞，但我們通常不這樣叫，有兩個原因：第一、有時候這三種職能由兩個人或四個人擔任，並非總是三人；第二、我們看過最優秀的產品團隊裡，所有工程師參與產品探索活動，並非只有技術領導參與。

深入閱讀｜產品領導者與被賦權團隊

一支被賦權的跨功能產品團隊是非常強大的工具，現在你舉一個自己特別喜愛的技術驅動型產品，它很可能就是由被賦權產品團隊打造出來的。

但重要且必須認知到的一點是，這種產品團隊的效能並非自然發生的。在產品模式中，這必須**仰賴產品領導者指導產品團隊成員，為他們提供策略脈絡背景，好讓他們能夠作出好決策**。

在本書中，我們使用「產品領導者」一詞來代表負責產品管理、產品設計及工程的經理人及領導者。請務必了解一點，大多數人入職公司時，並不具備被賦權產品團隊成員所需的全部技能與知識。縱使是來自頂尖產品公司的傑出人才，他們也不知道你的策略脈絡背景，因此產品領導者的首要職責是指導及培育產品團隊的成員，使他們達到勝任各自分內工作的必要水準。

優秀的經理人及領導者也積極致力於移除影響產品團隊的阻礙。

原理 2：結果比產出重要

最終，除非顧客相信你推出的新解決方案比他們先前使用的解決方案能夠更好地解決他們的問題，否則你就算是失敗了。推出大量功能可能使你感覺良好，但除非這些功能夠轉化成事業結果，否則你就是失敗了。

這個主題有很多不同說法，包括：「為事業結果當責」、「賺錢時間比問市時間重要」。這些說法全都意指這個原理：產品團隊的存在是為了有效解決顧客及事業問題，而非打造沒人想購買或使用的產品。

奉行這個原理將產生不同的行為，這裡舉一個例子：有時候，一支團隊努力檢視資料後會發現，改善結果的最佳方式其實是移除某項功能。這種情況最常見於行動應用程式，由於空間有限，螢幕的所有功能相互競爭使用者的注意力，聚焦於結果的團隊至少會考慮這個可能性。

原理 3：所有權感

如果你希望產品團隊確實感受到他們被賦予權力與責任，你必須讓團隊成員對他們負責的工作有高度的所有權感。我們來看看一支產品團隊的責任範疇，換言之，他們「擁有」什麼。

有關團隊分工及個別所有權領域都屬於團隊拓撲的重要產品領導力主題，但現下，你需要每一支產品團隊負責某部分的重要工作。這可能是打造整個產品，但更常見的情況是打造產品某個重要部分的子

集。一個大型產品或服務（使用者所認知的產品）由數十支、甚至數百支產品團隊分別負責不同層面或元件的情況並不少見。

產品團隊必須負責為被要求解決的問題構思解決方案（產品探索），以及為顧客打造與交付解決方案（產品交付）。如果把這兩項職責區分開來，指派給兩支不同的產品團隊，這將違背產品模式的原理，導致嚴重的實務及文化問題。因此，所有權感必須推及團隊所做的每一件事，包括：產品探索與產品交付、重大的創新工作和輕度的優化工作、修正漏洞、擴展使用者群。

請注意，這並非指產品團隊的每一位成員花同等時間在產品探索及產品交付。實務上，產品經理和產品設計師每天的大部分工作時間投入於產品探索，工程師每天的大部分工作時間從事產品交付。

原理 4：通力合作

通力合作（collaboration）一詞太常被使用在眾多不同的情況，以致於許多人忘了這單詞的真正含義。當然，大多數人認為他們有通力合作，但在被賦權的跨功能產品團隊裡，通力合作有很特定的含義，而且絕對不是大多數人（尤其是產品經理）傾向的工作方式。

太多產品團隊仍然遵循舊的瀑布式流程，產品經理定義要求條件交給設計師去提出一個符合要求的設計，再交給工程師（通常是在衝刺時交給工程師）去實行這些要求與設計。確切地說，這絕非我們所謂的通力合作。

首先，通力合作不是指意見一致。雖然，你希望產品團隊成員全部同意最佳的行動途徑，但你並不堅持做到這一點，所以你實行「不

同意，但承諾」（disagree and commit）來作決策時，你允許有異議，但一旦作出決策，所有人承諾執行這一決定。

通力合作也不是指民主。產品團隊不是用投票來作決策，而是仰賴每支產品團隊成員的專長。一般而言，如果決策跟技術有關，就聽從技術領導的；如果決策跟顧客體驗有關，就聽從產品設計師的；如果決策跟事業限制條件有關，就聽從產品經理的。偶爾會出現衝突，這種情況下通常透過測試來解決衝突問題。

通力合作並不是要制定產出物（artifacts）的規則。許多產品經理以為，為了通力合作，他們必須製作一份說明「要求條件」的文件，或者至少得撰寫「使用者處境（user stories）」。的確，你往往需要打造產出物（尤其是團隊成員採取遠距工作），但通力合作不是以此運作的，事實上，這類人為的產出物更容易阻礙良好的通力合作。

怎麼說呢？因為一旦產品經理聲稱某個東西是「必要條件／要求／規定」時，很可能探索性質的交談就此終結，轉向討論如何執行這些要求。此時，產品設計師覺得他的職責就是確保設計遵從公司的格式，工程師覺得他們只需要編程就行了，於是團隊又回到瀑布式流程。

最後，通力合作並不是要妥協、折衷。如果你們得出一個平庸的使用者體驗、緩慢的效能及有限的可擴展性，最終提供給顧客含糊不明的價值，那麼產品團隊就算失敗了。你們必須找到一個有效的解決方案，這意味著解決方案是**有價值的**（價值足夠令顧客實際購買或使用）、是**可用的**（使用者能確實體驗此價值）、是**可行的**（你們確實能交付價值）、對事業是**可營利的**（使公司其他部門可以行銷、銷售及支援這個解決方案）。

為了做到這些要求，需要良好的通力合作。切記，產品團隊的工作是解決被指派的問題，並得出令顧客喜愛、又能為公司事業帶來效益的解決方案。這是跨功能產品團隊的工作，他們之所以成為團隊的一員，正是他們具備特定需求的技能。

這一切始於產品經理、產品設計師及工程師們之間良好、密集的通力合作。我們特別喜愛的通力合作方式是，整個團隊圍繞著一個原型（原型通常是產品設計師打造出來的）而坐，思考及討論桌上這個提議的解決方案：設計師可以考慮不同的體驗方式；工程師可以考慮不同的工程含義，以及各種賦能技術的潛力；產品經理可以考慮每一種潛在發現的影響與後果（例如：會不會違反隱私法規，或者這個解決方案在公司的銷售通路中行得通嗎？）。

請注意，產品團隊的任何成員不會指揮其他成員如何完成他們的工作，在一支健全、稱職的產品團隊裡，每一位成員仰賴其他成員展現必要技能。

但是，也請別誤解我們的意思。產品設計師通常根據使用者及其行為的深度了解來得出洞察，這些洞察往往把你們正在解決的問題或處理此問題的方法帶往一個不同的方向。這些洞察往往對產品價值有重大影響，對產品功能等因素有間接影響。

同理，優秀的工程師對賦能技術有深度洞察，這往往引領你們得出完全不同的解決方案，而且往往遠優於產品經理、設計師或顧客能想像得到的解決方案。同理，產品經理對顧客及事業有深度洞察，這可能引領你們朝向完全不同的解決方案。

如果要我們說出最喜歡哪種通力合作的感覺，那就是當有幹勁、

在所屬領域（產品、設計、工程）技能純熟的團隊成員或坐或站圍繞著一個原型，觀看使用者跟此原型互動時所發生的好現象：工程師指出新的可能性；設計師指出不同的潛在體驗；產品經理提出有關於銷售、財務或隱私的相關影響，然後大家探索了幾種方法後，共同找到一個能夠確實解決所有關切及疑慮的方法。

通力合作是指產品經理、產品設計師及工程師共同合作，得出一個解決所有限制的解決方案——我們所謂「令顧客喜愛、又能為事業帶來效益」的解決方案，就是這個意思。

良好的通力合作是頂尖產品團隊運作方式的核心要素。

第16章

產品策略

如果你有一個動人的產品願景預計要在未來幾年達成，那麼產品策略就是你把產品願景化為實現的途徑。如果說產品團隊的工作是解決困難的問題，那麼產品策略就是關於你如何決定哪些是最重要且必須解決的問題。

你總是想追求很多好機會，不過事業面臨的威脅也很多，問題在於：你如何選擇最佳機會，你如何決定哪些是最嚴重的威脅？

原理 1：聚焦

誠如賈伯斯所言：

「人們以為，聚焦是指你必須對聚焦的事情說：『好』。但這根本不是聚焦的意思，聚焦是指對其他上百個好點子說：『不』。你必須非常小心地選擇你要在哪聚焦，其實我對我們選擇不做的事引以為傲，其程度毫不亞於我們選擇做的事。創新就是對 1,000 件事情說：『不』。」

在利害關係人導向的模式中，實際上幾乎不可能做到這種必要的聚焦，因為每一個利害關係人有其目的與需求，然後公司試圖盡量滿

足更多的利害關係人。反觀，在產品模式中你必須全面檢視機會與威脅，而產品策略能夠讓你全神貫注，發揮團隊最大的影響力。

公司高層領導者必須參與聚焦的決策，尤其重要的是，在會議中產品領導者往往不被允許有自己的議程，因此產品領導者務必在一開始就開誠布公。另外，重要且必須認知的一點是，聚焦決策的重點往往不是宣布哪一個特定目標最重要，而是公開宣布在哪聚焦。在大多數公司裡，他們有幾個非常好的目標，達成其中任何一個都可以顯著改善公司績效，但他們總是同時追求太多的目標，導致沒有一個目標成功。

我們常指導產品領導者鼓勵執行長挑選 2 到 3 個最重要的追求目標，如此一來，產品領導者就能聚焦地執行這些選項。

深入閱讀｜一個動人的產品願景的力量

一個有助於聚焦的方法是研擬產品願景，產品願景描繪你們試圖創造的共同未來。不論你公司有多少支產品團隊，你應該讓每支團隊知道他們如何為大局做出貢獻。

產品願景通常描繪介於 3 到 10 年的未來，而且最重要的是，產品願景描繪必須從顧客的觀點來看世界如何變得更好。產品策略是從你公司的觀點來撰寫，而產品願景完全是關於你的顧客。

一個精心研擬的產品願景有許多顯著的好處，包括：對產品組織發揮激勵效果、成為招募產品團隊人才的最佳工具。你可以

在我們的前著《矽谷最夯・產品專案領導力全書》中學到更多有關於如何研擬一個強而有力、動人的產品願景。

我們之所以在此重提產品願景，是因為它有助於聚焦和決定優先要務。如果現在的工作或考慮中的產品構想不能使公司朝實現產品願景邁進，你就應該質疑它為什麼被列為優先要務。也許，產品團隊仍然有追求此構想的理由，但你必須覺察到，這是在通往產品願景的路途上繞遠路。

原理 2：洞察導向

聚焦需要相當大的紀律，也需要憑藉札實的技能去辨識即將左右產品策略的關鍵洞察。洞察提供可能槓桿出好結果的要點，向你展示在哪聚焦。這些洞察可能來自任何地方，以下是洞察的幾個主要來源：

- **分析資料**。有關於顧客如何使用你的產品資料；有關於顧客如何購買你的產品資料；有關於這些資料如何歷經時日地變化。
- **跟你的顧客交談**。別問他們想要你打造什麼（他們不知道可能性），詢問他們現在使用什麼解決方案；詢問他們所處環境與背景；詢問在什麼情況或條件下，他們會改用新的解決方案。
- **新的賦能技術**。你的工程師現在能夠解決什麼以往無法解決的問題？新技術開啟了什麼新機會？新技術能促成什麼新體驗？
- **更廣大的產業**。你能從更廣大的競爭局勢中學到什麼？什麼趨

勢影響你所屬的產業或相關產業？顧客的期望如何歷經時日地改變？

產品領導者浸濡於這些洞察，也應該鼓勵公司全體員工隨時跟產品領導者分享他們可能獲得的任何洞察。產品領導者負責匯總及分析這些洞察，但洞察可能、也確實來自任何地方。

原理 3：透明化

在產品模式中，決定要解決哪些問題的決策者，從各種利害關係人轉變為產品領導者，這些產品領導者跟主管及利害關係人一起全面檢視事業與工作，得出能產生最大影響力的產品願景與產品策略，以追求最有價值的機會和應付最嚴重的威脅。

我們很容易想像，如果利害關係人擔心產品領導者追求自身的利益及議程，可能會導致相互猜忌或沮喪。因此，產品領導者必須將他們用來做產品策略決策的資料及理由公開與透明化。產品領導者也必須致力於促使全公司受到影響的利害關係人接受他們的產品策略，因為執行產品策略通常需要全公司通力合作（你將在本書的案例研究中看到一些類似例子）。

切記，唯有產品團隊能夠執行產品策略，策略才有可能產生結果。

研擬有效的產品策略沒有什麼特定的處方箋，只需要浸濡於洞察、資料、顧客、技術、產業趨勢及學習之中，盡可能消化愈多的切要資訊，全盤思考各種選項。這通常被稱為「**產品感知力**」（product sense），其實就是花時間沉浸於種種細節後所得出的結果。

這種分析與透明化的好處是：使選擇的理由變得很清楚；使整體

組織得以校準共識;使組織能夠更快速、更有效地執行產品策略。

原理 4:下賭注

讀到這裡,人人都應該認知到產品策略不是一門科學。縱使有最好的產品策略、有技能非常純熟的產品團隊及產品領導者,你也應該預期並非每一支產品團隊都會像時鐘那樣,每季順利地解決每個產品問題。

每支產品團隊由具備不同技能組合的人組成,處理不同的問題,使用不同的技術,尤其是使用不同的資料。再者,有些問題就是比其他問題更難解決,有些問題涉及的風險種類與程度就是跟其他問題不一樣,有些問題就是有更難達成的目標。

IT 模式犯的一個錯誤正是忽視了這個現實,於是當專案花費的時間比預期長,或是未能交付任何有意義的結果時,領導者會大感震驚。在產品模式中,你接受技術驅動型產品的這個現實,為可能發生的事做好準備。

理解這個現實的有用比喻是:下多個賭注。換言之,如果你有非常重要的問題必須解決,盡量把問題指派給多支產品團隊,冀望至少其中一支產品團隊能夠在該季度斬獲顯著的進展。幸運的話,可能有多支產品團隊都有好進展,有時甚至多於你的期望,這是個好現象,但不代表結果有可能成功。

經驗豐富的產品領導者都是這樣管理風險:每季下一系列的賭注,致力於提高年底時達成公司年度事業目標的可能性。

第17章

產品探索

產品團隊負責為被指派的問題找出最佳解決方案，然後打造與交付這些解決方案。前者是產品探索，後者是產品交付。

原理 1：浪費最小化

產品探索的第一性原理致力在最少的時間與心力下解決問題，因此產品探索是加快賺錢時間的關鍵。

產品團隊當然可以針對解決方案作出有把握的猜測，然後向工程師說明並讓他們打造與交付這個解決方案。基本上，很多採行 IT 模式的公司就是十年如一日地遵循這種流程。但是，我們也有數十年的資料清楚地顯示，絕大多數以這種方式打造出來的解決方案（大致上 70% 至 90% 的解決方案），最終未能實現必要的事業結果。

從直接成本的角度來看，這種做法非常浪費成本（特別是最大的成本發生在工程部分），從機會成本的角度而言，也確實如此。有時候團隊還有第二次機會，但縱使如此，在這種模式運作之下，成功的可能性仍然很低。

產品發現概念的出現，是因為頂尖產品公司看到了這種工作模式導致浪費，因此他們想先確定自己有足夠的證據來支持解決方案能夠解決顧客或事業的問題，他們才會要求工程師打造。

產品探索背後的關鍵理念是，快速地測試產品構想以辨識出一個值得打造的解決方案，再把這個解決方案推廣到市場上。其目的是透過大幅降低成本、加快上市賺錢時間，最後獲致更有利可圖的事業結果。

原理 2：評估產品風險

打造產品時，總是涉及下列風險：

- **價值風險**：你可能在打造出產品後才發現，你的顧客不覺得它比目前使用的產品好，他們不願意購買或選擇使用它。
- **可用性風險**：你可能在打造出產品後才發現，你的使用者不知道如何依需操作產品，或是由於產品太令人困惑、操作行為不符合預期或學習曲線太陡峭而與他們思考問題的方式不一致。
- **可營利性風險**：你可能在打造出產品後才發現，有你先前未認知到的法律、法遵、夥伴關係或道德問題，導致你無法銷售此產品。你可能在打造出產品後才發現，行銷與銷售部門對於把產品推銷到顧客手中需要做的工作沒有共識。你可能在打造出產品後才發現營運成本提高，以及（或是）你無法創造足夠的營收來支撐這項業務。
- **可行性風險** 你可能發現，打造產品所花費的時間比你原先預估的還要久，以至於成本變得太高，你無法實際打造與交此此

產品。

你想要解決的問題有些涉及的風險程度較輕，有些涉及的風險程度重大，但每次行動都有你必須考慮的風險。最重要的是，這個重要原理是你在決定打造任何東西之前就必須先評估及處理。

深入閱讀｜評估道德風險

道德風險是商業可行性風險（可營利性風險）的一部分，其他重要的可營利性風險，包括：問市風險、營利化風險等，但不同於其他種類的風險，道德風險鮮少有公司成立專門的利害關係部門。你會發現，儘管有些公司有設立「道德長」（Chief Ethics Officer）這個職務，但到目前為止，這算是例外，不是常態。

你可能納悶，為什麼產品團隊要關心道德風險呢？原因在於，產品團隊往往是第一個發現（在產品探索階段發現）這項工作可能涉及環境、社會或安全性相關後果的單位。大多數時候，這些後果不是故意為之的，但不論如何，這些後果有可能導致外部性或其他影響。如果你能辨識和預期到這些影響，就可以尋求其他不會發生這些副作用的替代方案。

在這種情況下，產品領導者通常必須親自參與、協助解決問題。此外，我們也常見到產品領導者指導部屬如何辨識與解決道德問題。

原理 3：擁抱快速實驗

為了認真應付產品風險，你必須誠實地告訴自己，哪些內容未經調查就不可能知道答案，以及你的顧客及利害關係人不知道哪些事（通常他們不知道現在的技術可能做到什麼）。

如果不打造原型來進行實驗，很難知道顧客能不能學習及使用新產品，或是他們會不會實際購買新產品。如果不讓工程師有時間去探索、研究背後的技術和潛在解決方案，他們很難知道實際上得花多久的時間來打造這個解決方案。

產品探索旨在快速測試產品構想，找出可能的解決方案。你知道自己了解這個解決方案可以解決顧客的問題，但你也警覺且謙遜地知道，這只是你的猜測。因此，你不斷實驗，旨在快速研判這方法是否行得通。

實驗文化不僅幫助你應付風險，也是創新的要素。成功的點子往往一開始看起來像是個沒有希望的點子。快速實驗的文化鼓勵產品團隊探索這些點子，而實驗技巧使產品團隊快速且不昂貴地測試它們。

一般來說，在產品模式中人們有異議很正常。事實上，如果產品團隊成員及其通力合作的利害關係人真的關心自己正在做的事，不同意見是個好現象。不過，這也意味著將有很多的不同意見，因此產品團隊必須精通多種產品探索的方法，透過快速測試來收集一些資料，幫助相關人員作出有依據、明智的決策。

產品團隊也必須發展判斷力，判斷針對特定情況需要收集多少資料。這意味著他們必須擅長質與量的探索方法。量的探索方法幫助你

了解使用者與顧客實際上**如何**跟你的產品點子互動，這是非常重要的資產，但量的資料有一大限制，那就是通常無法告訴你**為什麼**顧客使用（或不使用）你的產品點子，因此你也需要質的探索方法，其中最重要的方法是實際跟你的使用者及顧客交談。

據此推論，你必須監測每次打造和部署的產品或功能才可以知道產品實際上被如何使用。沒有這些資料，你就是在盲飛（flying blind）。有了這些資料，你可以更快地改善並診斷產品可能出現的問題。

原理 4：負責任地測試構想

產品探索方法被各種規模的公司廣泛地採用，從規模最小的新創公司到大型企業都有，但使用方法有所差別，有些在新創公司更容易執行，有些則比較難。

新創公司通常流量不大，阻礙了他們收集充足資料的能力。另一方面，大型的老牌公司通常有許多顧客，假如公司早就開始監測產品，並且正在收集資料，這可能成為一大優勢。不過，同前文所述，如果你公司還未開始收集資料，這行動是改變打造工作模式的基礎。

另一個差別在於，新創公司通常營收不多，顧客也少，直到這種處境改變之前，他們沒什麼好損失的，但在大型企業可能損失就大了。因此，老牌公司的產品探索原理之一，就是必須評估風險、進行實驗、收集資料並快速迭代，與此同時還務必保護：

- 公司的營收；
- 公司的聲譽；
- 公司的顧客（避免他們困惑或沮喪）；

- 你的同仁（例如：銷售人員或顧客成功團隊，避免他們在毫無防備之下受到衝擊）。

針對這些疑慮，當你需要更保守地進行測試時，有各種方法可供你使用。更明確地說，你絕對需要實驗，也必須負責任地執行。

第18章

產品交付

大多數轉型為產品模式的公司，不僅必須建立前文提到的技術領導職能，也必須在打造、測試及部署顧客依賴的產品方面升級技能與基礎設施。

在頂尖產品公司你常聽到這句話：「可靠性是我們最重要的特色。」對現代技術驅動型產品與服務而言，產品故障可能對你的使用者與顧客、營收、品牌聲譽及同仁（特別是銷售部門和顧客成功團隊）造成立即性的損害後果。

如果你打造的產品產生嚴重的問題，可能會導致所有使用及倚賴產品／服務的顧客和使用者中斷運行，這是我們為了享有諸多雲端運算好處所付出的代價。

每一種產品都會發生顧客遭遇某個你需要立即採取行動的嚴重問題。在這些情況之下，你必須有能力立即撤消上一次的改變，回復原狀，穩定系統，快速診斷問題，創造另一個解決方案，測試該解決方案確實能夠解決問題，不會不慎地導致其他問題〔所謂的「倒退」（regression）問題〕，然後安全地部署該解決方案。

顧客通常理解偶發問題，而且他們對你的評價更側重於發生問題當下，你的反應能力有多快速且稱職。現今大多數公司不再接受問題需要等待數週或數月才能解決，頂尖產品公司需要對迫切的顧客或市場需求作出快速且稱職的反應。

為了服務顧客，你必須確保產品適當地運行，並且創造顧客需要的價值，因此你需要一組支援部署、監測、監控及分析的重要能力。

本章敘述的概念及原理雖然屬於技術性質，但全都是必要技能，而且在概念層次上很容易了解。

原理 1：小規模、頻繁、解耦的發布

應付這些需求的核心原理是：部署小規模、頻繁、解耦的發布。這意味著，最起碼每支產品團隊發布的頻率不低於每週 1 次。對頂尖產品公司而言，這意味著每天發布好幾次，也就是前文所述的 CI ／ CD。❶

你可能不知道你喜愛的產品有這麼高的發布頻率，原因在於產品公司以近乎源源不絕的頻率小規模發布。不過，在確保可靠性方面就比表面上看起來的要複雜許多。通常，當你測試可靠性時主要涉及兩個層面，第一個層面直接明瞭，第二個就不是那麼好理解。

第一個層面是，當你打造一項新功能時，必須測試這新功能是否如預期般運行，這原則相當直接明瞭。不過，由於你可能想在未來多

---

❶ 對此，最常見的異議來自打造原生行動應用程式的產品團隊，他們指出，行動應用程式商店不喜歡供應商提交新版本的頻率超過每月 1 次左右。但我們有已經使用了幾年的工具讓我們能夠持續對一組受控管的顧客裝置發布改進／更新，使我們可以獲得持續部署的好處。

月或多年一再測試新功能，甚至會測試數千次，因此你通常會投資一定程度的測試自動化。

第二個層面是，為了確保啟用新功能而進行的改變不會不慎或無意地破壞產品的其他部分，此稱為回歸測試（regression testing）。當你意識到當今許多技術驅動的產品和服務是由數百名工程師工作多年、創造數以萬計互動所得出的結果時，你就會發現，確保複雜的產品在添加新功能時不會倒退，這可能得花費不少工夫。

為了確保新功能如同宣傳般地運行，並且不會導致倒退問題，產品團隊主要採行的方法是部署一系列很小規模的改變。每一次發布的增量愈小，你就能更快地確定新功能的品質，還能更快地確認是否導致了倒退的問題。在小規模、頻繁的發布模式之下，如果發生問題會更容易辨識原因，因為你每次只是發布少量修改而已。

因此，如果你真的重視顧客，你需要投資於建立非常頻繁、很小規模的發布能力。如果你覺得這論點反直覺，如果你仍然相信為了確保品質而必須慢慢、低頻率的發布，那你就太對不起你自己、你公司，特別是對不起你的顧客了，看看為什麼頻繁、小規模的發布在頂尖產品公司中既能提高產出（更高的速率），又能提供更高的品質。❷

不幸的是，許多公司還沒有能力做到小規模、頻繁的發布。他們作出數百、甚至數千次修改，然後每月 1 次、每季 1 次或甚至每年 1 次地整合所有修改，測試看看這些新功能是否如期望般運行，接著他

---

❷ 重要且必須承認的一點是，有些公司試圖把每件事都變成高誠信的承諾，這完全是不得要領，實際上反而傷害產品模式。

們開始辛苦地嘗試辨識及移除所有導致倒退的新問題。

我們希望你開始認知到，很多大發布（所謂的「大爆炸」發布）之所以延遲數週或數月，嘗試把整個系統回復到可靠、可發布的狀態，就是這個原因。事實上，以這種方式打造的許多產品從未達到穩定品質的狀態，顧客經常被迫面對產品瑕疵及問題，或是尋找別的解決方案供應商。

縱使新發布確實如期望般運行（這種可能性很低），顧客也被迫要一舉吸收蜂湧而至的數百個或數千個產品修改，這可能需要人員再訓練、再認證、再整合，要不就是大幅地調整他們的工作方式，以適應公司強加於他們的所有修改。

在這種情況下，常有顧客施壓你公司降低發布頻率，因為他們沒有時間去應付這種程度的改變。現在，你應該完全可以理解為何顧客要求減少發布，但如此一來，其實對顧客及你公司都會更糟。

不過，你不能漠視顧客的合理疑慮，責任在你，你本來就有責任設計、測試及發布使顧客無需承擔及應付產品修改帶來的衝擊，雖然你本來就要盡快把修改部署於生產環境裡，但你也有方法可以控管何時讓顧客能看到及取用這些新功能，我們將在下一個原理敘述這點。

深入閱讀｜高誠信的承諾

在產品模式中，產品團隊的工作是以令顧客喜愛、且能為事業帶來效益的方式，為你的顧客及公司解決困難問題。話雖如此，產品模式也認知到，有時候你必須在一個特定日期交付一個特定的可交付結果，這些被稱為「高誠信的承諾」（high-integrity commitments）。

這可能涉及一個夥伴關係，這個事業夥伴需要你公司的產品或服務來規畫自家業務。或者，你的公司正在規畫一項重大的行銷活動或產業活動，因此產品團隊必須承諾在特定日期交付特定結果。

很多敏捷團隊在實踐這種類型的承諾方面有糟糕的紀錄，這不是什麼祕密，但頂尖產品公司知道，為了建立與維持顧客、事業夥伴及公司其他部門對產品組織的信任，實踐這種承諾有多麼重要。

如果你的顧客或事業夥伴仰賴你提供一個特定的可交付結果，他們必須知道你的承諾值得信賴，而且交付的結果將提供他們需要的價值。在這種情況下，產品團隊既要解決被指派的問題，也要有高度信心決定何時能夠承諾在特定日期交付特定結果。

關鍵在於，只要讓負責作出高誠信承諾的產品團隊先做足產品探索的工作，使他們能夠合理地應付產品風險，如此一來，他們就能安全、負責任地承諾在特定日期交付特定結果。

如果產品團隊裡的工程師經驗豐富或有稱職的教練指導，這幾乎意味著產品團隊在作出任何承諾之前，將先打造一個可行的原型。我們的前著《矽谷最夯・產品專案管理全書》中說明了這種流行的方法。

切記很重要的一點：提出承諾日期的人是實際必須交付此結果／產品的人。這些承諾的日期不可以來自專案或計畫經理、產品經理、架構師，或是任何不會實際執行這項工作的人。此外，由於技術長（工程主管）最終為工程團隊作出的承諾負責，所以最佳實務是他應該親自核准所有高誠信的承諾。

值得強調的是，當公司領導高層適當、明智、審慎地使用由產品團隊專業判斷的高誠信承諾，非常有助於在整個組織建立必要的信任感。❸

---

❸ 我們推薦這本佳作：*Accelerate: The Science of Lean Software and DevOps: Building and Scaling High Performing Technology Organizations* by Nicole Forsgren, Jez Humble, and Gene Kim (IT Revolution Press, 2018).

原理 2：監測

由於在產品模式中產品團隊致力於解決問題，並且為達成結果當責，因此你必須了解產品實際上被如何使用，甚至有沒有被使用。

這意味著你必須監測（instrumentation）產品，了解產品的實際運

行方式，這被稱為「遙測」（telemetry），發生於所有層次，從報告產品健全性與功能的低階服務，到生成產品使用情況分析的高階應用程式和公司儀表板。

沒有監測，你基本上就是盲飛。你可能發布了一種新功能，但不知道這新功能是否被使用及如何被使用，以及你的顧客可能在使用它時發生什麼難題。有良好的監測和分析法，你就可以快速偵察及修正問題，展示產品提供必要的價值。

坊間有各式各樣的工具與服務提供工程師執行必要的監測，由於需要做不同種類與層次的監測，通常一次會使用多種工具，但重點在於了解這些遙測資料（telemetry data）的重要性。

此外，重要且必須知道的一點是，你收集的特定遙測資料總是隨著你更深入了解產品使用情況及你必須推動的改進而演變，這是一個永無止境的工作，而且持續在改善。

原理3：監控

上面提到的「監測」原理有許多好處，其中最重要的好處之一是，監測促成另一個產品交付原理：監控，又稱為「可觀測性」（observability）。

跟監測一樣，監控也發生於所有層次 從確保基礎的運算系統與服務適當地運行與發揮效能，到高層次地確保應用程式正確運行並適當地服務顧客。借助優良的監控功能，你可以很快速地偵測到問題，而且往往搶在顧客遭遇問題之前偵測到。

跟監測一樣，坊間有廣泛的商業工具可幫助監控作業；跟監測一

樣，你可以預期公司將需要多種針對不同種類與層次的資訊監控及報告工具。在監測與監控作業中，這些工具使用各種技術來防止追蹤或報告任何敏感或可識別個人身分的資訊。

原理 4：部署基礎設施

至此，你已經有能力去部署小規模、頻繁的發布，並且有監測機制可收集與提供必要的遙測資料，你也監控這些新功能發布後的狀態。但是，為了確保新功能提供必要的價值，還有一個涉及用於部署的基礎設施這個重要因素。

如果你開發出一項新功能準備發布至生產環境中，縱使你已經測試了這新功能，確定它適當地運行，但有時生產環境還是會出現某些問題，因此部署基礎設施必須有能力在必要時取消這改變，回復原先的系統狀態。

不過，就算一切運行得順利，你還是不知道顧客在他們的日常使用中會如何利用這新功能。有三種可能結果：

1. 顧客喜愛新功能，他們立刻開始使用並倚賴它。這當然是你的希望。

2. 發布至生產環境後，基於某種原因這新功能實際上損害了顧客使用產品的能力。一個常見的原因是（尤其是發生在行動應用程式）顧客的器材設備與裝置的版面有限，有時候當你加入一種新功能時，顧客可能無法再找到對他們來說更重要的功能。在這種情況之下，你應該先不要部署這次的新功能，直到或除非你能修正此問題。

3. 部署新功能後技術上運行順利，但顧客就是不使用它，至少使用程度未達到你希望或預期的程度。其結果是，這新功能既未造成損害，也沒幫上忙。這種情況其實非常常見又令人沮喪。

如果你對自己的要求標準是達成事業結果，那麼你需要部署新功能，以便知道上述三種情況中的哪一種正在發生。

最常見的做法是讓部署基礎設施支援 A ／ B 測試，這被視為是一種「黃金標準」，因為你可以相當容易地把單一一種新功能的貢獻區隔開來。不過，這做法也仰賴足夠大的流量才能快速研判結果。

你可能不知道，採用產品模式的公司會同時進行很多 A ／ B 測試（往往是同時進行數百或更多種）。部署基礎設施進行這些測試，並收集每一種測試的分析，持續進行直到獲致統計上顯著的結果。

其他的部署基礎設施功能使你可以控管哪些顧客能看到特定的新功能。有一種特別受歡迎的功能讓你把新功能部署於生產環境中，但隱藏不讓顧客看到，直到你確定時機成熟才會顯示出來。這種方法特別適用於當你有一組必須同時曝光的改進時，或是當你想等某個特別的行銷活動才展示新功能時。

在部署基礎設施方面，雖然坊間有一些商業工具可用，但公司有廣泛的需求，因此不少公司結合坊間供應的基礎設施和自家打造的基礎設施一起使用。

深入閱讀｜管理技術負債

我們在這裡提及技術負債是因為如果情況夠嚴重的話，將阻礙一切工作，從改變你的打造及部署模式開始到其他種種工作。

每家公司都有技術負債[4]，但想轉型為產品模式的公司當中，很多公司的技術負債達到嚴重等級。常見原因有兩個：

1. 公司有企業購併史，不僅收購而來的公司本身有技術負債，而且在必須與其他系統整合、及購併後流失有經驗的工程師之下，技術負債問題通常加倍。

2. 在大部分的先前模式中，尤其是採用典型的 IT 風格、按專案來分配經費的模式，總是快速創造大量的技術負債，因為經費只是針對特定專案，通常不包含全面地檢視系統以持續改善產品及其運行，在缺乏經費可用於持續改善之下，技術負債便快速累積升高。

不論原因為何，技術負債的症狀通常相當明顯：以往只需幾天或幾週的工作，現在得花上幾個月；產品團隊抱怨太多的互依性和太少的自主性；縱使是很小的功能也變得昂貴；對公司極其重要的大型計畫執行起來變得太困難，以至於公司竭盡所

---

❹ 你大概聽過「技術負債」，這是為了追求成長與工程架構而走捷徑，並經過長年累積所帶來的影響。這是正常現象，某種程度上，甚至是值得的，但如果一直不處理，技術負債有可能損毀公司。技術負債失控最常見的症狀是，當正常只需花幾天的工作開始得花上數週時，你會感受到這項工作導致全公司及顧客沮喪。

能地逃避它們。

　　這是大多數公司如此害怕技術負債的原因，也是公司少數真正面臨的企業持續營運風險之一。轉型為產品模式之後，產品團隊對重要領域有實質所有權，這是朝向改善技術負債的一大步，但你仍然必須設法讓公司脫離過去的困境。

　　各種平移至其他平台的行動細節遠超出本書的範疇，但有必要的話，有專業公司能幫助你制定一項堅實的計畫，把程式碼庫現代化。不過，最重要的一點是，認知到你必須立即開始處理技術負債的工作，並且要持續地、無限期地做下去。

　　在技術負債方面處理得宜的公司大多會告訴你，他們天天做管理技術負債，這部分占了約 10％ 至 30％ 的工程產能。有時候，情況嚴重到需要投入 40％ 至 60％ 的工程產能，在這種程度下，工程師能留給顧客的工程產能少了很多，因此你必須很小心、有意識地處理這問題。

　　把技術負債問題降低到可控管的程度通常得花 1 到 3 年，好消息是，如果你有一份堅實的計畫和有經驗的工程師，你通常可以在幾個月後就開始看到實質結果。

第19章

產品文化

我們已經討論了產品團隊、產品策略、產品探索及產品交付等產品模式核心概念，但如果你仔細看看每一個概念背後的所有核心原理，你就能領會何謂頂尖產品公司有堅實的產品文化。

產品團隊被賦權去為困難的問題找出好的解決方案，其成員必須是具備跨功能的技能，他們能夠不受阻礙地直接接觸顧客、資料及利害關係人。

產品策略以洞察為導向，幫助組織研判應該追求哪些最有價值的機會和應付哪些最嚴重的威脅。

產品團隊擅長**產品探索**，先評估風險，擁抱實驗，打造原型，對使用者及顧客進行快速測試，並快速決定哪些解決方案值得打造。

一旦產品團隊決定打造什麼之後，他們有**產品交付**技能去打造、測試及部署，採行小規模、頻繁、可靠的發布，並且掌握監測和監控工具。

不過，還有一些很重要的產品模式原理可被視為泛原理（meta-principles），因為它們適用於更廣泛的產品開發，但在定義一個堅實

的產品文化時卻扮演很重要的角色。

原理 1：原理比流程重要

其實，許多想轉型為產品模式的公司在早年相當善於創新，但後來喪失了這能力。不幸的是，這種情況太常見了，頂尖產品公司總是害怕自己也將發生這種情況。

誠如貝佐斯的警言：

「優秀的流程幫助你服務顧客，但如果你不當心，流程可能變成主角，在大型組織這很容易發生。……流程不是主角，我們應該常常省思：究竟是我們主宰流程，還是流程主宰我們？」

或者，如同賈伯斯的警告：

「創造出優異產品的不是流程，是內容。……我們的制度是不存在制度，這並非指我們沒有流程，……，但重點不是流程。」

或者，如同里德‧海斯汀（Reed Hastings）的警言：

「網飛如此成功的原因在於，其文化重視人勝過流程，側重創新勝過效率，而且幾乎沒有控管。」

或者，如同矽谷教父之一史蒂夫‧布蘭克（Steve Blank）提醒：

「當你生活於一個問題與解方都已知的世界，流程很重要，流程幫助你確保可以在不導致組織其他部分出現問題的情況下交付可擴展的解決方案。……這些流程為整個組織降低風險，但也降低每一層流程的敏捷與精實能力，最重要的是，降低對新機會及威脅作出靈活反應的能力。」

流程本質上不是壞東西，但許多加入你公司的領導者和經理人來

自早已失去創新能力的公司，他們帶著先前公司的流程與文化進入你公司，或者帶來非技術領域的流程，試圖把這些流程加諸在想要優化創新的組織。

基本上，你可以嘗試用流程或人來運行你的產品組織。如果一個人犯了錯誤，你可以增加一個旨在預防錯誤再犯的流程，或者你可以提供一些指導，使員工了解未來如何更有效地處理這情況。

如果授權你的員工，使他們有真正的所有權感，把決策下放給產品團隊及更接近使用者的員工，那麼你必須使教練工作成為經理人的主要職責之一，包括：教導技能及原理，以及分享策略脈絡背景——產品願景和產品策略的大局。

深入閱讀｜持續改善流程

為了確保我們在本書討論的原理始終比你遵守的任何特定流程還要重要，另一種方法是遵循「持續改善流程」這個實務。

持續改善流程的基本思維在於始終如一地省思你的體驗與需求，持續不斷地致力於改進。這意味著別落入把流程視為神聖不可侵犯的信條陷阱。

原理 2：信任比控管重要

從「指揮與控管」模式轉變為產品模式，不只是職能與概念的改變，也代表根本性的文化變革。對許多公司領導者，尤其是職涯大多在由上而下的指揮與控管模式中渡過的領導者而言，這是一大躍進。這是一種倚賴信任、而非控管的模式，認知到這種截然不同的工作模式、反其背後實際運作情況將有所助益。

這種信任比控管重要的模式展現於許多方面，首先是從以往由利害關係人把功能與專案優先順序清單交給產品團隊，改為賦權產品團隊並把要解決的問題指派交由他們負責，肩負為這些問題找到最佳解決方案的責任。

更概括地說，這意味著從事必躬親的微管理轉變為積極指導的僕人式領導。這意味著用脈絡背景來領導，而非控管式領導。

原理：創新比可預測性重要

許多公司缺乏創新的根本原因相當明顯，他們圍繞著可預測性的目標來設計組織及工作方式，並聚焦於每季能夠交付大量的功能。並不是他們刻意放棄創新這個目標，但誠如企業教練暨顧問亨利・克尼柏格（Henrik Kniberg）所言：

「100% 的可預測性 = 0% 的創新」。

聚焦於可預測性的公司會告訴你，利害關係人基於職責而擔心產品團隊取得的功能是否有價值。但頂尖產品公司知道，明智的利害關係人關心的不是這個。這跟技術驅動型產品的性質有關，尤其是利害

關係人及顧客根本不知道可能性，工程師才知道現有技術可能做到什麼。

　　現在，公司比以往更仰賴持續創新，因此必須認知到可預測性固然是好事，但其重要性或必要性不如創新。為了應付偶爾需要某個可交付結果的可預測性，最佳方法是使用前文提到的「高誠信的承諾」。

深入閱讀｜從專案模式到產品模式

　　談論產品文化聽起來可能很理論，但其影響每一個人每天的工作。為了使產品文化的原理看起來更現實、生動，這裡舉一個很常見的產品文化「之前」與「之後」的例子。

　　在舊模式中，常見的一種現象是要求在特定日期之前打造專案。我們可以理解這來自何處，IT 部門經常被要求盡快交付特定功能與專案。但問題是，這忽略了技術驅動型產品的現實。

　　專案通常是大型、緩慢、昂貴的工作模式，旨在於特定日期之前交付特定產出。你必須決定需要多大的專案團隊，推測專案將花多少時間，然後還必須為專案爭取經費，但你幾乎總是會發現，需求多於你原先的預期，因此很難準時完成專案。

　　大多數專案完全無法如預期般提供好價值，只是努力交付結果，然後交付完成就不再透過迭代去改善產品，因為專案完

成之後團隊便解散，成員各自奔赴下一個被指派的工作。沒有人對結果有所有權，從專案工作中獲得的任何學習大概也就此流失了。

這其中有太多的錯誤：

1. 通常，在達成結果之前需要歷經幾次迭代，每一次的迭代是根據先前迭代獲得的學習而作出改進，但在專案模式下，你鮮少有作出第一次嘗試以外的經費，就算有，通常也是在過了幾季之後才獲得。

2. 團隊成員需要對技術與結果有所有權感，但在專案模式下，被指派的成員只在專案存續期間負責一個領域，這鮮少能產生所有權感，他們沒有誘因去打造具有成效及影響性的內容。

3. 這種模式旨在交付利害關係人要求的功能與專案，而非讓你的產品團隊，尤其是工程師去探索現在的技術可能做到什麼。其結果是，專案極少得出任何形式的創新。

4. 由於專案團隊只打造此專案必須打造的內容，沒有人擔心或關心此工作的長期影響或改善基礎技術，因此技術負債快速累積。

5. 誰負責推動必要的結果呢？所有權感通常分散在多個利害關係人之間，最有可能的結果是指責專案團隊的工作能力如此差勁。

反觀，在產品模式中你聚焦在產品及結果。產品團隊聚焦於事業結果，例如：降低顧客流失率、改善事業成長或是任何相關的 KPIs，產品團隊持續致力於監控及改善這些結果。他們增添的新功能旨在達成這些結果；他們一心一意地聚焦於結果。

這有部分仰賴轉變為聚焦事業結果的存續產品團隊，但也有部分仰賴文化變革讓產品團隊為結果當責，而非只是交付功能就完事了。

在專案模式下，你頂多只能要求問市時間；但在產品模式下，你可以聚焦在更具影響力的賺錢時間。特別諷刺的是，你可能以為，側重問市時間的專案起碼比側重賺錢時間的產品團隊更快達成結果，但事實通常相反。

專案團隊必須增補人員去學習必要的技術，建立必要的關係，了解必要的脈絡背景。反觀，產品團隊已經投入營運，很可能已經完成許多相似的專案及功能。因此，除了早已跟上技術發展趨勢之外，他們對問題與解決方案知道得更多，他們知道資料、知道如何以團隊方式處理問題。這也是採行舊專案模式的公司浪費情況遠遠較嚴重的原因。

這並非指問市時間不重要，問市時間重要，但速度更重要，有一些技巧可以讓你判斷在什麼情況之下日期應該擺第一。這個核心疑問是：什麼更為重要，按日期交差抑或達成結果？有時候的確是日期優先，但這應該是例外情況，不是常態。

不難看出，為何許多公司談論結果比產出重要，但他們的文化及行為卻總是重視可預測性勝過結果。

原理 4：學習比失敗更重要

許多公司的員工打從心底害怕失敗，這種害怕心理導致人員及流程轉向趨避風險，無法對市場需求變化和新賦能技術作出反應。

我們的用意絕對不是要美化失敗，而是要強調焦點必須擺在處理風險及快速學習。當你在產品探索階段進行實驗時，並不涉及成功抑或失敗的概念，只有一個疑問：「我們學到了什麼？」

在產品探索階段，你的目標是學習什麼行得通及什麼行不通，以此大幅降低開發與時間成本，減輕公司承擔的風險。如此一來，當你實際投入時間與金錢打造產品時，你便有證據與信心產品不會失敗。

不過，有些產品可能失敗，優秀的產品文化了解這種風險，樂於擁抱愛學習及願意冒此風險的人。

第20章

創新故事：車美仕

馬提評註：當新冠肺炎疫情為車美仕公司（CarMax）帶來嚴重考驗時，該公司看到了轉型為產品模式帶給他們的好處。這考驗需要該公司使用所有新能力：產品策略、產品探索及產品交付。有時候，危機爆發時人們才能看出一個組織的真實能力。

公司背景

車美仕創立於 1993 年，總部位於維吉尼亞州里奇蒙市（Richmond），是美國最大的二手車零售商。過去三十年間，該公司藉著為二手車買賣交易培養信任與誠信，建立了堅實的事業版圖。

車美仕起初是從電子產品零售商電路城公司（Circuit City）分支出來的一個事業，快速成長為二手車銷售市場的領先者。歷經時日，該公司的領導者看出消費者的期望開始改變，尤其是他們想要線上購物體驗，再加上數位原生競爭者的出現，他們認知到必須自我顛覆才能保持公司的領先地位。

該公司轉型為產品模式的行動首先聚焦在直接面對顧客的數位體驗，由安·堯格（Ann Yauger）和 carmax.com 團隊共同發起及領導轉型為產品模式的初始行動。這項轉型行動很快地證明其價值——開啟幾年的組織成長，大規模地建立產品職能。

到了 2020 年初，該公司已經有超過兩百間車美仕商店，每一間店的停車場有數百輛待售的二手車。該公司一直賺錢與不斷成長。這次轉型已經產生具體結果，而且該公司也在汽車零售業建立了創新的聲譽。

消費者可以在線上研究待售的二手車，找到他們買得起的車子，再預約時間去實體店試駕。不同於大多數的購車體驗，在車美仕買賣車子的流程簡單，沒有討價還價。車美仕對產品有高品質要求，挑選來翻修出售的每輛車必須通過密集的 125 點監測，通過門檻的車子才會掛牌出售，並且提供 7 天退貨退款保證，以及 30 天的保固期。未通過品質門檻的車子則被拍賣給其他經銷商。

需要解決的問題

新冠肺炎疫情來襲時，車美仕在內的許多實體店零售商必須遵守州政府及地方政府的種種限制與規定，這包括在一些情況下必須關店、減少容許同時入店的顧客人數或是只能在戶外售車。

在這些新限制及疫情衝擊總體經濟之下，車美仕表示到 2020 年 4 月，該公司的銷售比去年下滑了超過 75％。除了實體零售店面臨的挑戰，車美仕還有價值數十億美元的存貨——停放在停車場的待售車，但如何銷售顯得限制重重。

所幸，車美仕已經開始轉向全通路零售體驗，顧客可以在線上或實體店購買，或是結合二者使用。但現在，這已經不再是業務成長機會，而是攸關事業生存了。該公司必須加快轉向全通路零售的腳步，並找到在疫情的種種限制下銷售龐大存貨的更多途徑。

找到解決方案

此時，車美仕有幾支優秀的產品團隊，許多產品團隊原本就在研究跟全通路零售相關的領域，現在這成了優先要務。最明顯的改變是轉變為一種不倚賴造訪實體店、在線上和店裡銷售員現場互動的體驗。該公司加快轉向虛擬顧客體驗中心，銷售員可以提供任何購車或售車階段的協助。

該公司也必須提供不僅在線上瀏覽車子，也能在線上挑選車子、辦理融資或付款、完成線上訂單、安排遞送車子或顧客前來取車等服務。如果涉及換購方案，必須有線上功能可以立即評估換購的舊車價值。此外，車美仕也不能再仰賴員工親自和其他經銷商洽談拍賣——把顧客以換購方案出售、但不符該公司品質標準的舊車拍賣給其他經銷商。

這些結合了購車與賣車體驗跟交易所有階段有關的產品工作，這些階段包括：從融資到提供以舊換新「即時報價」，到電子支付頭期款並透過電子文件簽名同意融資條款，到安排交車物流（包括：路邊交車、無接觸交車或到府交車），再到二手車零售業無可匹敵的「愛車保障」方案——保固期從 30 天延長至 90 天的，以及可退貨期間從 7 天延長為 30 天。

所有這些交易層面必然具有風險性，因為涉及大量的消費者購買，但其中一些領域的風險特別高。

車美仕的事業模式仰賴穩定的毛利率，因此該公司必須確保購買車子和出售車子的訂價準確且公正。該公司也必須清楚且正確地陳述與溝通車子的真實狀態，因為如果零售顧客或拍賣會的批發經銷商發現線上說明與圖像跟真實車況不符的話，他們將不再信任車美仕，甚至可能無法完成交易。

為了應付這些風險，該公司的產品團隊首先對很小的人群測試原型，繼而進行地區性測試，最後才進行全國性測試。隨著測試的推進，他們陸續推出新銷售模式的關鍵要素，在疫情爆發後的僅僅 6 個月內，該公司已經讓購車及賣車流程的所有關鍵要素在全國上線營運。

結果

在疫情開始之初營收重創後，車美仕快速收復流失的營收，成為汽車業少數成功創新的案例之一。接下來兩年，新技術驅動型服務提供的顧客及員工體驗遠優於疫情前使用、較偏重人工作業的解決方案。

現在的車美仕贏得產品與技術人才最佳工作地之一的美譽，其產品與技術組織的速度及能力也贏得公司其他同仁的信賴。

沒人知道未來將發生什麼，但車美仕團隊已經證明自己能夠快速有效地作出反應，為他們的公司及顧客解決重要及困難問題。

第5篇

轉型故事：Trainline

撰寫人：前 Trainline 產品長、現任 SPVG 合夥人強納生·摩爾（Jonathon Moore）

馬提評註：Trainline 在短短幾年內成為技術驅動型產品創新的歐洲最佳範例之一，並在過程中完全扭轉其事業。有點特殊的是，這轉型始於當 KKR 私募基金公司收購 Trainline 時，因為 KKR（正確地）相信這項事業的價值被明顯低估，如果 Trainline 轉型為產品模式，很可能釋放該公司的真實價值。KKR 為 Trainline 引進一位優秀的執行長克萊兒·基爾馬丁（Clare Gilmartin），他找來一位優秀的工程主管馬克·赫爾特（Mark Holt），以及一位優秀的產品主管強納生·摩爾

（Jonathon Moore）。強納生‧摩爾撰寫此文，分享傑出轉型的親身經歷。

2015 年 1 月，世上最大的私募基金公司、以發明槓桿收購聞名的 KKR 宣布收購已有相當歷史的英國鐵路票轉售商 Trainline。

表面上看來，這樁收購案不太合理。鐵路運輸仍然是個非常傳統、老舊的產業，票務變革可能需要投資數十億英鎊的基礎設施，而且整個產業受到政府的嚴密監督。在這樣的環境中，成長之路通常不是用月或年來衡量，而是用數十年來衡量。

在這些限制下，Trainline 看起來沒什麼空間可以達成 KKR 高投資報酬的要求。但接下來，Trainline 締造了非凡的成就，KKR 直接從 eBay 延攬一位年輕的執行長來領導這家公司徹底轉型，從老舊的鐵路事業轉變為優秀的消費者科技事業。

動機

當 Trainline 的新執行長克萊兒‧基爾馬丁雇用我擔任該公司的首位產品長時，他警告我，如果我們要實現預期的事業軌跡，組織的每個部分都需要變革。

這家公司當時近乎陷入停滯，沒有什麼進展，採用典型的 IT 模式盡其所能為事業提供服務，但收效甚微。軟體工程師是新手，許多領域的工作外包。公司裡可說是完全沒有產品管理，只不過是幾個人被賦予含糊定義的「產品負責人」頭銜，少數幾名設計師自我形容為：「擁有各種的行銷資產」。產品本身嚴重過時。

Trainline 創立於 1997 年，為英國鐵路網民營化後的混亂局面提供

一種解決方案。幾年前，國營的英國鐵路公司（British Railways）開始民營化，為了促進創新與競爭而拆分業務。

但是，這些行動太過倉促，產生的鐵路網契約涉及上百家公司，顧客進入點（entry points）令人困惑且經常改變，購買火車票時通常必須了解你想走的路線是由哪家公司營運。

Trainline 的統整線上售票平台提供了一個解決方案，讓顧客免去天天在售票處排隊造成的沮喪。Trainline 線上售票系統在 1999 年啟用，接下來十年漸漸地在市場上立足，但後來公司的成長熄火了。

2015 年 KKR 收購 Trainline，他們看出一個機會並說服一位能幹的現代技術領導者離開 eBay，接下他職涯的第一個執行長職務。這位新執行長延攬經驗豐富的馬克・赫爾特擔任技術長，雇用我掌管產品。我們三人很快地組成一支團隊，展開我們各自領域的工作。

改變我們的打造模式

工程、產品管理及設計是優先要務，早期的主管會議主要是討論招募需求及人才落差。工程方面需要緊急投資，Trainline 把非常多的工程外包，較高階的工程角色不是由內部人才擔任，而是外包給在各種平台與系統複雜性方面有知識的多個承包者，但他們不了解公司未來的方向。

組織以 8 週發布週期運作，但離好到可以有效地服務顧客還差得遠。我們承繼的是典型的資訊長文化，技術被認為只不過是一項必要成本，其結果顯而易見，技術負債高到失控，系統是單體式，而且全都是地端（on-promises）系統。我們顯然需要快速地技術轉型。

我們先撰寫每個職務的詳細說明，招募更多新的工程師，並在團隊層級設立一個新技術領導角色。事實上，我們裁掉了大量員工。

工程方面的挑戰相當大，Trainline 舊資料中心由數百台伺服器組成，但無法勝任其用途。後來，我們又收到通知，這些伺服器所在的建物將被拆除。我們在 18 個月內完全遷移至亞馬遜網路服務（AWS）雲端，加快朝向 100％雲端原生邁進。

歷經時日，有超過 20,000 個個別元件被發布至雲端，發布速度是平均每週超過 100 個。馬克回憶：「5 月的一個下午，有人說：『嘿，順便一提，現在所有東西都進入持續交付的狀態了！』這真是太棒了。」

工程部分快速步入軌道，不僅結構上如此，文化上也是。我們招募新員工時，遴選標準不僅看他們的技術能力（我們遷移至 AWS 雲端的作業由英國最有成就的雲端專家負責），也看他們在了解顧客方面的欲望及能力。

我們期望工程師大量使用產品，並且盡可能地對顧客及事業的脈絡背景有更多的了解。

改變我們解決問題的方式

在快速引進優秀的工程人才之下，我們必須建立優秀的產品管理。我承接的團隊習慣交付來自利害關係人的要求，這些事業的「僕人」不了解產品探索或是優異的產品團隊如何以令顧客喜愛、又能為事業帶來效益的方式解決顧客的問題。

但是，新需求很明顯，我們需要堅實的產品管理紀律作為事業核

心。我們的意圖是快速轉型為一部能夠發掘與達成最大價值的機器。

我原本擔心公司恐怕得大裁員，但一些人表明他們想學習頂尖產品公司的最佳運作方式。我很快就發現近期招募進來的某個人有很大的潛力。整體而言，這支團隊未接觸過現代產品管理，但他們聰慧、有抱負、熱切學習，我決定給他們機會展示他們能做到什麼程度。於是，教練工作成為第一優先要務，每天花數小時個別輔導團隊成員。我們討論產品探索的重要性、重要工具及為何必須更快速、更堅實地測試與學習。

為了支持文化變革，每週五下午都會舉辦一個名為「每週致勝」（Weekly Wins）的非正式會議。我的目的是創造一個安全空間，讓所有團隊聚集在一起討論及辯論工作進展。這會議快速產生動能，團隊經常展示探索洞察、測試資料及原型，他們也會提出疑問、討論構想、溝通與協調大幅度的改進。這些「每週致勝」會議很快地變成所有人都不想錯過的會議。

我們切入的每一個層面都存在多個需要解決的問題。搭火車旅行本質上是令人興奮的事，但我們的產品無疑只是交易性質且枯燥乏味。

在這麼多早期的潛在要務（問題）之下，我們很快決定產品策略應該聚焦於兩個重要的核心問題：行動應用程式的使用，以及網站轉化率（網站訪客轉化為顧客）。這些領域有望提供立即與顯著結果。

Trainline 應用程式主要支援電腦版，沒有支援行動應用程式，我們已經落後市場近十年。在市場上，轉化率方面的專業知識是一項很明顯的成長槓桿，但公司很少進行這方面的測試，也沒有資料平台。

公司一直使用外部顧問公司來處理優化工作，每月的成本高達數

萬英鎊。當我指出過去 12 個月他們只做了 8 次測試、每次測試的成本近 4 萬英鎊，但沒有一個測試帶來任何明顯效益時，大家無異議地贊成終止顧問合約。我們在公司內部快速建立這方面的能力。

我們新成立的行動應用程式團隊快速迭代並得出一項產品，這產品迅速地在蘋果生態系中受到青睞，在類別排行榜中排名第一。我們決心樹立高門檻，精心挑選團隊成員來提高內部人員的能力水準。結果，他們沒有令我們失望。

優秀的新任產品經理和技術領導一起展現雄心與快速步調，在他們的領導之下，非常明顯地呈現跟以往截然不同的新氣象。我們的行動應用程式使用率快速成長，身為領導階層的我們一再地稱讚這支團隊的優異結果。

我們知道，這可能令公司的其他人沮喪，但我們提供一個展現新文化期望的具體範例，試圖以此說服其他人了解聚焦於事業結果的含義。這方法奏效。

在強烈側重人才招募與教練指導之下，我們快速獲得動能，一支團隊接一支團隊地以他們為榜樣。

使設計成為強大力量

我們在招募設計團隊的人才時，特別側重快速的質性測試。打造原型成為一項關鍵能力，所有團隊一致地快速打造使用者原型，為大量潛在的解決方案快速收集回饋。

設計團隊快速成長，但起先也需要克服一些阻力。財務部門曾一度拒絕招募更多的產品設計人才，畢竟 Trainline 幕後老闆是一家私募

基金公司，他們總是聚焦於控管支出。但是，我們需要產品設計師來充分地利用我們在產品管理及工程方面的投資。

我認知到，我最初的訴求之所以失敗，是因為我沒有分享事業結果的證據。當我拿出產品設計人才達成的改進結果時，招募更多設計人才的提案很快就被核准。

在同時推行這麼多工作之下，我們設計團隊拓撲來減輕認知負荷（cognitive load）並減少互依性。我們對雲端微型服務平台的持續投資支援了這項工作，使我們能夠減少（不是完全去除）互依性。

各種體驗團隊分別負責基於設備與裝置的主要體驗（電腦設備和行動裝置），歷經時日，體驗隨著加入更多針對較新的 B2B 業務和輔助成長機會的團隊加入而不斷發展，但我們更詳細的對話是關於我們打算如何投資我們的平台。具體來說，數據。

投資資料科學

在過去，Trainline 資料以多種不一致的格式儲存在各式各樣的系統，根本沒有明確的資料策略作依據。

「我們的資料是上面積了 10 吋灰塵的一盒黃金」，我告訴執行長克萊兒：「我們必須建立存取資料的方法。」我這是在為另一項重大投資提出理由，但克萊兒已經看出了我們的資料潛力。儘管有一長串相互競爭的優先要務清單，馬克還是率先快速招募資料工程人才，與此同時，我來應付建立第一支資料科學團隊的挑戰。

我們知道我們有點超前投資，除了明顯需要好好地組織公司資料、增強網站優化工作流之外，我們並不知道這些資料團隊最終能夠做什

麼，但我們也有足夠的知識能了解，沒有這些資料科學與工程團隊，我們開發潛在解決方案的能力將大大受限。

被賦權的工程師

　　為了加強持續轉型為現代產品文化，我們舉辦第一場黑客日（hack day），讓團隊聚焦於他們選擇應付的顧客或事業問題。其實，我們的主要目的是鼓勵工程師訴諸自己的構想，進一步促進我們正在建立的創新文化。我們並不期望立即獲得結果，但我們很欣喜地發現我們錯了。

　　一名工程師選擇解決「幫助顧客挑選較不擁擠的火車」這個迫切、一直困擾顧客的痛苦點。這名工程師提出了一個聰明、但非常單純化的構想。

　　在過去，鐵路運輸服務公司嘗試透過投資數百萬英鎊的升級作業，在火車車廂地板上安裝壓力感測器來衡量擁擠程度。「為什麼不直接詢問顧客呢？」這名工程師提議。畢竟，我們已經有營運規模，只需在行動應用程式中添加一個小功能，那些在乎這問題的旅行者或許願意分享他們搭乘哪班火車。

　　的確，旅行者真的願意。僅僅幾週的時間，這名工程師透過一個即時資料原型證明了這點，這原型生成了數十萬個資料點。

　　於是，我們新成立的資料科學團隊開始工作，讓我們能夠把火車擁擠程度的度量與分析結果告知顧客。這是我們利用增強的資料能力的第一個重要例子，而且還贏得大量的免費宣傳——不僅全國媒體紛紛報導，一些非常有影響力的科技公司內部也在談論此事。谷歌的地

圖團隊跟我們聯繫，亞馬遜的 AWS 團隊也注意到了。

此前，把我們的平台遷移至 AWS 雲端的工程作業使我們獲得 AWS 這個強而有力的新事業夥伴。AWS 對我們的專長留下深刻印象，邀請我們在甚受矚目的 AWS 年度研討會「re:Invent」上亮相。Trainline 成為活動宣傳的頭條焦點，AWS 的技術長維爾納・沃格斯（Werner Vogels）親自介紹我們，黑客日產生的那個解決方案成為我們簡報說明會的主角。

我們提供數百萬鐵路旅行的即時資料，幫助顧客選擇較不擁擠的車廂，這全都由建立在 AWS 雲端上的使用者生成資料工具所驅動。當天觀看的數千名工程師中，一些優秀的工程師選擇加入我們公司。優異的轉型能夠以多種出人意料之外的方式把公司向前推進，這就是其中一個例證。

改變我們決定解決哪些問題的方式

Trainline 的使命是使鐵路旅行變得更輕鬆，長久以來一直被宣傳為幫助英國做到低碳運輸選擇。事實上，許多員工（包括我在內）把這視為加入公司的一個重要理由。

一個共同動機雖然有幫助，但不足以促成有意義的共識與團結。隨著源源不絕的新成員加入，很顯然我們需要端出一個統一的未來：如果我們齊心齊力執行更高的新期望，可能獲致什麼樣的成功面貌？我們需要一個現代的、堅實的產品願景——一個能夠把我們的股東、主管、利害關係人及產品團隊團結為一體的產品願景。

為了達此目標，需要詳盡了解我們最迫切的顧客問題。在已經訂

定一些重要的策略性事業目標（國際擴張、營收多角化）之下，產品願景將來自了解與解決我們顧客的無數關鍵痛苦點。

一位在深度顧客分析方面擁有優秀技能的產品研究主管加入我們公司，他的團隊目標是全面且即時地了解現有顧客和潛在顧客，分析我們可以如何為他們創造最大價值。

起初，我們針對瞄準的各地區，挑選出具有代表性的一小群顧客，然後進行多回合的訪談、發掘數百個問題，我們也在其中看出重大且迫切的型態——少數問題一再被提及，我們很地給它們取名為：「七個超級問題」。

這七個問題顯然是所有顧客區隔與地區共同遭遇的重要問題。我們大規模地驗證我們的結論後，很快地發現：哪怕只是解決眾多問題中的幾個，就足以驅動公司進入新成長紀元了，但這其中有個問題：人們認為 Trainline 是一家票務公司，但這七個問題很多涉及到交易流程下游——在購買車票之後。

我們是鐵路導向的電子商務網站，市面上也有多種鐵路運輸應用程式介面幫助顧客訂票及買票。但是，我們新發掘的許多問題不在交易流程之內，例如：錯過銜接的火車、火車誤點、火車過於擁擠。

這些問題存在已久，但從未有人提出令人滿意的解決方案。也許，這是出在問題太過複雜，我們不確定能否在任何一個問題幫上忙。然而我們知道，如果我們能解決這些問題，就能大幅地改善我們顧客的通勤生活。

我們的願景圍繞著行動應用程式，展示一個甚富雄心的未來。我們進行了行動應用程式的早期測試，讓顧客能夠從紙本車票轉變為數

位車票，這項早期測試獲得一個重要洞察：在這些少數獲准使用行動裝置的數位車票路線，鐵路旅行頻率及整體營收顯著提高。

這測試並不容易進行。在受到高度監管的環境中，成功的產品創新往往是跟事業夥伴、工會、監管當局，甚至政府複雜合作所產生的結果。我們有一支小型、但專業的營運團隊花很多時間向我們的鐵路運輸事業夥伴宣傳此福音，如果沒有跟他們合作，難以取得明顯進展。

為了改為數位火車票，需要我們的事業夥伴對工作實務作出相當大的改變，還需要投資數百萬英鎊升級基礎設施。這一切需要來自政府的充分支持，以及重大更新英國運輸政策。

但測試結果很明顯，讓顧客省去使用售票機的痛苦，以及使改票與退票作業變得更容易，火車變成更受歡迎的旅行選擇。

跟大多數非常成功的測試一樣，後見之明會覺得結果顯而易見，但這是一個重要的新資料點：行動車票提高鐵路旅行的頻率，因而為顧客提高價值。這個洞察，加上深入了解如何盡可能地減輕顧客的痛苦，形成產品策略的核心，讓我們產生一條新的、一致的前進之路。

到了此時，我們已經為產品團隊建立一個堅實的季度節奏，高潮是每季終了時，產品團隊將和主管團隊舉行為期兩天的高調會議。團隊的結果備受關注，這是大多數人現在很喜歡的領導形成，儘管這會導致壓力，因為比起只是交付產出，達成結果遠遠更為困難。但是，我們不能走回頭路，我們的成敗取決於團隊交付結果的能力。

我們重建的架構如今已經成為雲端原生平台的一個耀眼範例。我們的產品團隊被賦權及重新定位，以達成優異結果為導向。

在高度通力合作的產品團隊驅動下，我們每年測試數百個產品構

想。我們的資料集現在已經集中化，使用一致格式也非常實用。我們的顧客定位資料為解決下游的火車誤點與擁擠等問題指出了新的可能性。在既有的旅程與訂價相關資料之外，現在又增加了新的、獨特的使用者生成資料可供利用。與此同時，我們已經開始建立自己的機器生成資料 使我們有能力創造更多獨特的方法去解決種種存在已久、根深蒂固的問題。

結果

Trainline 現在已經能夠做到鐵路產業不曾有人做過的很多事。

一位分析師稱我們是「鐵路業的優步」（Uber of Rail），以優步的持續成功和我們才剛起步來看，這是莫大的讚美。由於 Trainline 現在是蘋果應用程式商店（App Store）週一至週五排名第一的旅行應用程式，還贏過優步，所以我們欣然接受這比喻。正當市場要決定如何評估我們的事業價值時，這比喻代表認知上的一個明顯改變。

距離 KKR 以不到 5 億英鎊收購 Trainline 僅僅約四年多後，Trailine 在 2019 年 6 月於倫敦證交所掛牌上市，公司估值超過 20 億英鎊，是當年歐洲最大的首次公開發行（Initial Public Offerings，後文簡稱 IPO）之一。

Trainline 的轉型成功，能幹的產品經理、設計師、工程師及資料科學家，再加上專家級的營運及法務團隊，使我們顯著提高我們的發展軌道。解決問題取代打造功能；堅實的指標取代推測。技術現在被擺在正中央。

週復一週，月復一月，我們的成功吸引更多優秀人才加入我們的

行列，驅動我們快速前進。我們已經重新定位 Trainline，不再是一家純粹的鐵路業公司，邁入更廣（且更有利可圖）的旅行業類別，也進軍幾個新地區，我們甚至把旅行運輸工具的選擇從火車擴展到長途巴士。

有優秀的領導，有深入了解可能性的優秀技術人才，有高度通力合作的文化，最重要的是，全神貫注地聚焦在結果，一支小團隊就能改善數百萬旅客的生活，並且為股東創造優異的報酬。

第**6**篇

產品模式的運行

截至目前為止，我們主要討論產品營運模式的背後理論。本書第6篇說明這種模式的實際運行方式。

在本書介紹的創新故事中，我們分享一支產品團隊的運作情況，但本篇我們想讓你一窺產品團隊如何和公司內部的不同顧客互動，包括：銷售部門、行銷部門、財務部門、利害關係人及高階主管。

閱讀第6篇時，我們希望你牢記一點：這幾章敘述你致力做到的人際互動，但由於這些互動涉及人，有時你還是會覺得現實互動不如你所期望。這幾章描述理想的互動情況，不過縱使是在最優秀的公司裡，有最優秀的人才和最佳意圖，事情也不會總是如你所願。

第21章

與顧客合作

在許多使用先前模式的公司，尤其是供應產品給企業客戶的公司，他們和顧客之間的關係往往令人退避三舍。從顧客的角度來看，往來的公司不可靠、不值得信賴、沒能力實踐承諾。發生這種情況的原因很多，但根本上，在產品模式之下，顧客與產品團隊之間會有新的、直接的、非常不同的關係。

當公司轉型為產品模式之後，產品團隊與顧客的互動方式有相當明顯的改變。[1] 顧客不會直接看出這其中的多數差別，因為這些改變涉及產品團隊如何在日常工作中探索與交付解決方案。

不過，閱讀本書至此，你應該已經知道產品模式仰賴產品團隊直接且經常地跟實際使用者及顧客互動。這有部分是為了更深入了解顧客的問題，以及成功的解決方案必須在哪種環境與背景中運行；部分則是為了測試你的潛在解決方案，以確保解決方案對顧客有價值，對

---

[1] 在此，我們使用「顧客」一詞泛指許多不同形式的顧客 不同類型的使用者、購買者、核准者、影響者、使用技術來服務終端顧客的同事等。

各種類型的使用者具有可用性。

我們喜歡鼓勵產品團隊在開始跟使用者及顧客直接密集地互動時，先解釋他們的意圖，因為從顧客的立場來看，這種改變可能也令他們不太習慣。

大多數顧客習慣直接向銷售人員要求他們認為需要的功能，然後期望盡快在一份產品路徑圖上看到他們要求的功能，並且有一個交付日期好讓他們能夠開始規畫未來。不過，也有可能顧客已經開始對公司按照承諾日期交付功能的能力失去信心，到了一個時點，沮喪的顧客可能開始尋找另一家公司的產品。但是，如果顧客目前仍然倚賴你公司的產品，不論好壞，他們通常會盡力堅持，能撐多久就撐多久。

所以，大多數顧客對於改變互動模式會抱持開放態度，前提是他們相信改變互動模式後，他們的需求更可能獲得滿足，而非變得更糟糕。

下文敘述的互動情況是，顧客可以期望從一支以產品模式運作的被賦權產品團隊獲得什麼，以及這些不同於以往的互動變化背後的理由。如果你認為這些互動是有用、有幫助的，你接下來必須決定你是否要照章採行，抑或要作出一些修改來套用你的處境。

承諾

產品團隊將不再承諾一個日期或一個可交付結果，直到及除非他們確實了解為實踐某個承諾將需要什麼。這非常不同於你以往的運作方式，這種改變有幾個重要含義。

作出承諾的產品團隊必須直接跟相關的使用者及顧客互動，以確

實了解需要什麼條件才能成功。請注意，公司通常指派好溝通的人員去管理顧客關係，顧客也往往指派好溝通的人員去管理供應商關係，但光靠這些代理人——不論是來自你的公司或來自顧客方——互動並不夠，產品團隊必須和實際使用者直接接觸，這是作出任何承諾的先決條件。

只有負責實踐此承諾的產品團隊才能對產品的可交付結果作出承諾，公司的高階主管、銷售部門、行銷部門、顧客成功團隊或交付經理、產品經理全都不行，承諾必須來自產品團隊，尤其是實踐此承諾的產品團隊工程師。

產品團隊不會輕易做出承諾，除非他們進行了足夠的產品探索工作，了解真正需要什麼及此解決方案對顧客有效。這通常意味著打造一個或多個原型來處理特定風險。了解顧客的需求之後，產品團隊接著必須考量其他工作安排和承諾，最後才能作出承諾，我們稱這些承諾為「高誠信的承諾」，作出這些承諾的產品團隊必須盡一切所能地實踐承諾。

優秀的產品團隊知道，作出承諾之前必須考量其他的工作安排與承諾，包括那些為維持運營而必須持續做的活動（keep-the-lights-on activities）可能受到影響。承諾之所以被稱為「高誠信」的承諾，是因為它基於先深入了解實踐承諾需要什麼條件，接著由那些必須實踐承諾的人直接作出承諾。

產品團隊可能需要提醒顧客，他們為一家商業產品公司工作，因此產品團隊的工作是提出一個不僅特定顧客相信它有效、且對其他顧客也會有效的解決方案。這是一個訂製解決方案供應商與一家商業產

品公司的基本差異。實務上，這意味著有時候一個顧客想要特定解決方案的通用性不足夠而無法用於其他顧客，因此產品團隊需要探索別種方法。不過，大部分問題可以解決，也能產生對所有各方都有效的解決方案。但是，萬一需要的解決方案只能用於單一一個顧客的環境，而且這顧客了解這個解決方案不具有持續創新與服務的效益，產品團隊通常會轉介訂製解決方案供應商給顧客。

產品探索

產品探索的目的是為顧客的問題找到有效的解決方案，你的產品團隊致力於找到令顧客喜愛、但同時也能為事業帶來效益的解決方案。為此，產品團隊有產品管理、產品設計及工程的跨功能技能。產品團隊直接跟使用者及顧客互動，以深入了解需要解決的問題，並對潛在的解決方案進行測試。

在大多數與顧客的直接互動中，產品團隊聚焦於了解顧客的問題，以及研判你是否已經找到有價值、可用、可行、且可營利的解決方案。因此，產品團隊與顧客的直接互動大多涉及訪談不同的使用者，以及對這些使用者進行解決方案的原型的測試。

產品交付

產品團隊找到、並發展出需要的解決方案後，為妥適地服務你的顧客，你還有其他的義務。首先，你必須承諾會有效地測試你的解決方案，這意指兩個不同的活動：

1. 你將測試開發出來的新功能如預期地運行。

2. 你將測試新功能不會不慎導致其他部分發生被「倒退」的問題，
   雖然防止倒退有難度，而且有時候儘管盡了全力仍然會發生倒
   退問題，但你必須認知到你有責任確保新功能不會導致意外。

其次，你了解顧客迫切需要你打造的解決方案，但你也必須認知
到顧客有他們自身要做的工作。再次花時間確認你的產品，重新學習
及重新訓練如何使用你的產品，這些事誰都不想做的事，也不該讓他
們這麼做。所以，你必須敏感地察覺把這些新功能納入日常使用時得
付出的成本，你必須使用現代設計與部署方法，盡可能使這些新功能
容易且順暢的採用。

最後，你知道不承諾就絕對不會犯錯，但這太不切實際了。你可
以承諾你將使用最佳實務，並盡最大努力去減少犯錯。最重要的是，
你可以承諾當發生錯誤時，你將盡一切所能地快速且勝任地修正問題，
然後分析你未來如何避免再發生此問題。

滿意、可作為參考案例的顧客及事業影響

產品團隊的最高目標是盡一切所能地使顧客滿意到天天使用你的
產品來做重要的工作，而且他們太喜愛你的產品，不但給你的產品高
評價，還樂意與他人分享自己的體驗。這樣的顧客成功將反映在你的
事業成功上。

你對喜愛的產品也有這種感覺，你應該每天致力於確保你的顧客
對你的產品也有這種感覺。

第22章

與銷售部門合作

請注意，本章內容不適用所有公司及所有類型的產品，只適用於——當公司裡有一個直接或通路式銷售組織負責把產品帶到市場上——產品組織和銷售組織之間的關係可能左右事業成敗的公司。

在公司內，可能沒有比產品組織和銷售組織更相互依存的角色了。產品組織仰賴銷售組織把產品推銷至顧客手中，銷售組織仰賴產品組織供應確實符合顧客需求的解決方案。這兩個組織中的任何一方出問題，公司就有麻煩了。

然而，儘管這兩個組織的激勵措施看似一致，但在實務運作中，他們往往追求截然不同的目標。在大多數採行先前模式的公司裡，不論是產品組織或銷售組織都不高興。產品組織不高興是因為銷售組織不斷地要求他們打造明知無法解決顧客的問題的東西；銷售組織不高興是因為他們不過是轉達顧客的需求，但產品組織總是交付不符合顧客需求的東西，或者更糟糕的是，根本不交付。

銷售人員的收入主要仰賴佣金，佣金來自新銷售、更新合約、向上銷售及顧客對你公司支出增加。基於這個原因，銷售人員自然直接

回應顧客的要求，除非銷售團隊真心相信產品團隊的存在是為了支持相似的目標，否則銷售團隊就會認為他們必須為生存而奮戰。

好消息是，產品模式旨在矯正這個問題，並且有強烈證據顯示辦得到。

首先，你必須了解產品團隊與顧客之間的必要關係，如第21章（與顧客合作）所述。在產品模式中，不存在銷售人員收集潛在顧客的需求，再把這些需求轉交給產品團隊去打造模式。不過，產品模式的核心是聚焦於創造滿意、可作為參考案例的顧客，所以產品組織必須和銷售組織合作，找到並發展這些潛在的、可作為參考案例的顧客。

這裡必須指出一點，當產品組織未能創造出滿意、可作為參考案例的顧客時，銷售組織的工作就會窒礙難行，外加銷售組織對產品的不信任。不意外地，這種情況將導致銷售組織直接要求產品組織打造訂製化（亦即「特別的」）解決方案，讓銷售組織能夠有東西可賣。

為了產生必要的改變，關鍵在於建立產品組織和銷售組織之間的信任，為此，最佳之道是雙方一起跟現有顧客及潛在顧客直接互動。先從產品組織主管和銷售組織主管做起，目標是把這種模式下推至個別的產品經理和銷售人員。

如此一來，銷售人員就能親身目睹產品團隊如何為顧客的問題發掘出有效的解決方案，而且往往是顧客本身不知道有這種可能性的解決方案。而產品團隊也親眼目睹銷售人員如何訴諸涉及各層面有效的方法來將產品推入市場，其中包含：了解購買者、不同類型的使用者、影響者、核准者，以及影響購買決策與成功使用產品的其他因素。

雙方密切共事，產品／市場適配（product-market fit）的兩個主要

面向就會開始成為聚焦點。和許多潛在顧客互動之下，產品團隊可以學到大多數顧客一致及不一致事，如此一來，產品團隊才能確保打造出來的解決方案可以成功地部署於許多顧客的環境中。

上面敘述內容的全都不容易做到，但真正困難的部分不是風險或複雜性，而是需要產品組織和銷售組織雙方作出的努力。那些願意對此投入時間的人將取得很大的收穫。在產品行銷的幫助之下，產品團隊有種種專門針對這類產品工作而設計的方法可以使用，目標是創造出滿意、可作為參考案例的顧客。

產品模式對銷售組織有另一個更大的幫助：在大多數先前模式中，銷售組織是唯一真正以顧客結果（根據銷售業績來考核績效與決定獎酬）為導向的團隊，而產品模式為銷售組織提供一個同樣以顧客為中心、以結果為導向的夥伴，那就是產品團隊。做得好的話，產品組織和銷售組織是真正通力合作的夥伴。

第23章

與產品行銷部門合作

產品團隊最親密夥伴之一是產品行銷經理，不難看出為什麼產品組織和產品行銷部門之間建立有效的夥伴關係是產品模式順利運行的關鍵要素。

在一些公司，產品團隊夠幸運地能有一位專屬產品團隊的產品行銷經理，但在大多數公司，多支產品團隊共用一位或多位產品行銷經理，這是因為沒什麼道理用相同於建構產品團隊拓撲的方式去組織產品行銷部門。不論你公司是一支產品團隊有一位專門配合的產品行銷經理，抑或是多支產品團隊共用一位或多位產品行銷經理，產品經理都應該主動地和行銷單位建立必要關係。

你們之間的互動性質與頻率取決現下要合作的事情而有差別，但有不少你們需要通力合作的互動。

大多數人對於與產品行銷部門的互動常是出於直覺，因此許多人將會驚訝於得知，跟產品行銷部門有效的通力合作竟然需要如此深入，而且合作的影響力如此大。

了解市場與競爭分析

　　當產品團隊致力於了解不同市場時，產品行銷經理是取得產業分析師、市場洞察、競爭情勢研究等資訊的一個重要資源。此外，在對競爭者和新技術有所學習與了解時，這資訊將在產品團隊和產品行銷部門之間交流與分享。

　　在了解市場這方面，產品團隊與行銷部門通力合作的一個好例子是評估一項新競爭產品／服務，研議出一個應對方案，並且跟銷售組織分享。

產品問市

　　產品問市堪稱最重要的通力合作領域。為了一個既有市場開發一項新產品時，或是把一項現有產品推到一個新市場時，或是為一個新市場開發一項新產品時，打造出有效的產品只完成工作的前半部分，後半部分則是如何有效地把這產品交付到顧客手上，這稱為產品問市。

　　你的產品行銷經理是精通許多問市方法與技巧的領域專家，當致力於提高產品／市場適配時，產品團隊和產品行銷部門必須共同合作解決許多限制。一旦確立產品問市途徑後，產品行銷經理將致力於確保每一支產品團隊了解這條問市途徑的威力與細節。

　　縱使後來產品逐漸進改進時，可能也需要根據問市途徑來作出宣傳或定位方面的考量，此時產品經理必須諮詢產品行銷經理。

重要的產品決策

產品探索階段會作出很多的產品決策，其中許多決策需要諮詢你的產品行銷經理，但對於特別重要的決策，由於產品行銷經理對目標市場及產品問市有深度知識，產品團隊應該納入產品行銷經理的觀點。

這裡要注意的是，產品問世是左右產品策略成功最重要的考量之一。

顧客探索方案

顧客探索方案是特別有助於開發新產品或把現有產品推到新市場的一種方法，也是需要產品團隊和產品行銷部門之間通力合作的方法。

你可以在我們的前著《矽谷最夯・產品專案管理全書》中進一步了解這方法，它涉及從目標市場中辨識與挑選一群潛在顧客，並對他們進行詳細研究。產品團隊跟產品行銷部門及銷售部門合作，挑選及訪談這些顧客，然後進行探索，提出旨在滿足他們需求的解決方案。這方法可以產生第一批可作為參考案例的顧客。

產品經理和產品行銷經理在顧客探索方案的所有層面密切合作，產品經理把從中學到的東西應用於新產品，產品行銷經理把學到的東西應用於產品問市、銷售工具及銷售流程。

宣傳與定位

即使產品每天都有變化，可見的變化通常也會對宣傳和定位產生影響。有時這些變化屬於戰術性質，有時宣傳和定位對產品有廣泛的

影響。在這種情況下，產品經理或產品設計師可能會諮詢產品行銷經理，確保彼此對這些資訊保持一致的共識，並確保新功能被注意、理解和採用。

顧客影響評估

在持續部署之類的現代產品交付方法之下，每天都會發生多次產品改進，但有一些改進可能對你的顧客、銷售團隊或顧客成功團隊產生影響。在這種情況下，你必須協調你的產品行銷經理，確保即將作出的產品改進不會驚動顧客，並讓他們有所準備。

如果產品行銷經理未做好準備，可能是因為他們才剛剛得知產品改進，那麼有兩種方法你可以擇一使用：其一、延期推出修改；其二、如果你有適當的部署基礎設施，你可以發布新功能，但先不讓顧客看到，直到產品行銷經理說他們已經做好準備。

訂價與包裝

在現今大多數採行產品模式的公司，產品團隊聽從產品行銷部門的訂價與包裝決策。這有部分是出於專業（許多產品行銷團隊和專業的訂價公司有合作），有部分是因為訂價工作通常比較精細，產品團隊大多在這方面配合產品行銷部門。

產品團隊當然會對訂價決策提供意見，但計算理想的價格時，要考量及使用到許多其他因素。

銷售賦能

　　每一支產品團隊對產品行銷經理貢獻專長，產品行銷經理則是負責產品的行銷宣傳材料，以及銷售團隊需要的各種銷售工具。

　　如果產品經理已經花時間和產品行銷經理建立關係，產品團隊可以期望產品行銷經理對產品功能與細節有相當程度的了解，但如果實際情況並非如此，那大部分的工作將落在產品經理身上。因此，經驗豐富的產品經理知道，花時間向產品行銷經理解釋產品的細節往往是具有高槓桿效益的時間利用。

　　有關於產品行銷部門的重要角色，參見 SVPG 瑪蒂娜・羅琛科（Martina Lauchengco）的著作 《打造人見人愛的產品：如何重新思考科技產品的行銷》（直譯書名，*LOVED: How to Rethink Marketing for Tech Products*）。

第24章

與財務部門合作

　　與財務部門合作，通常是與相關的投資人關係部門合作，是這項工作的關鍵部分，因為除了有效合作之外，根本沒有可行的選擇。公司仰賴產品銷售，產品組織的人員仰賴財務部門。跟許多其他領域一樣，有效合作的關鍵在於校準共識，了解夥伴的需求與限制，提供資料而非意見。

　　首先，產品主管必須和財務主管說明轉變為產品模式的理由。從一起檢視資料做起，用資料幫助財務主管認知到現行模式不具有預測性，無法作出周全的經費決策，無法估計來自產品的增量營收。如果財務主管對此有懷疑，你可以把年度計畫聲稱的事業效益拿來和前面幾季的實際結果相較。

　　更概括地說，產品主管必須幫助財務主管認知到，舊模式浪費太多金錢與時間，更別提機會成本了，而且舊模式在展現事業結果方面也太乏善可陳。一般來說，光是這些就已經夠明顯了。剩下唯一重要的疑問是，我們能做得更好嗎？

測試產品模式

說服的根據是測試產品模式，一起看看它是否如同其他頂尖產品公司那樣帶來效益，也改善你的公司的投資回報。視舊模式導致的沮喪程度及實行新模式的急迫程度而定，你可以很保守地測試新模式（用少數的產品團隊），也可以大膽地測試。

此外，你也可以向財務部門指出，如果成功轉型為產品模式，除了顧客更滿意能夠推升更好的事業結果，公司可能也會因為轉型為技術驅動型公司而在公開市場上獲得好評價，這往往對投資人是一大激勵。

產品組織和財務部門通力合作

轉型為產品模式時，產品組織和財務部門之間的合作互動將有一些改變。產品團隊承諾不再隱藏在功能和路徑圖背後，總是承諾一旦下個新功能就緒就能獲致更好的結果。現在只要未能實現結果，產品團隊將不再找理由與藉口。

產品的績效評量將如同公司的績效評量：一切以事業結果為憑據。如果公司推出一項新產品，將根據此產品帶來的事業結果來評量。如果公司增添一項新產品功能，將根據此功能的價值及對事業的影響來評量。

同理，如果產品團隊被指派解決顧客或公司問題，其成功與否將取決於事業結果，這支團隊將持續努力直到達成此結果，不論是開發出一種新功能、或多種功能、或是一種不同的解決方法。

產品團隊承認他們不知道的事，誠實地告訴財務部門他們無法知道什麼。當需要誠信的答案時，他們將進行必要測試、取得資料並以此作出有根據的事業決策。

未來，當產品團隊向你申請更多資源時，他們會提供資料，以及一份解釋為何需要更多資源的透明分析。

產品團隊不會一舉提出大額經費申請，他們將先進行低成本的測試，收集必要資料。爾後，如果他們有較大筆的經費申請，將提供支持這項投資的實際資料。

當公司需要一個可交付結果的日期時，產品團隊將使用「高誠信的承諾」的流程，雖然這會花較多時間，但日期絕對站得住腳，產品團隊將對此當責。

當產品模式開始產生優秀的、一致的創新時，產品組織將記得跟財務及投資人關係部門分享這些投資獲得回報的證據。

對財務部門的要求

為了使夥伴關係順利運行，產品組織需要財務部門作出一些改變：

- 別再根據專案來作出經費分配決策，對每個產品團隊指派聚焦的特定領域，並且評量其每季或多季的事業結果。產品團隊將提供即時的事業結果，以此做為每季的評量依據。

- 產品模式需要幾種新職能，在多數案例中，現有員工經過指導及訓練後可以擔任這些職務，但如果做不到這點，產品領導階層將提案以新員工取代現有員工。值得一提的是，在大多數案例中，轉型為產品模式可以為公司省錢，而非導致公司更花錢，

儘管這轉變可能涉及向內尋找擔任重要職能的人才。

- 別再以交付的功能及專案來作為評量依據，必須改為根據事業成效來評量產品團隊。為此，必須讓產品團隊有空間去進行必要的測試，以決定哪些功能及專案最能達成目標，這些細節部分應該交給產品團隊。

- 最後，產品組織要求財務部門儘量減少高誠信承諾的需求，不然為了提供承諾日期，產品團隊需要做一些麻煩的事，而且過多的高誠信承諾需求可能干擾產品組織。

當產品組織和財務部門有效合作時，將可以充分利用公司投入的資源，並且比以往更負責、更有效地管理財務風險。

第25章

與利害關係人合作

在本書中，我們對利害關係人的定義是非產品團隊成員、但代表一個重要群體、事業領域或專長的人。

不可否認，轉型為產品模式對企業的利害關係人是一大變革。有些利害關係人對以往的運作方式感到非常沮喪，他們迫切想要嘗試新模式。有些利害關係人覺得，他們仍然想為事業績效責任，但現在他們不再掌控以往可以掌控的技術資源。有些利害關係人則是採取觀望態度。

不論如何，在先前模式中，技術資源服務他們的需求，但現在那些資源直接服務終端顧客，利害關係人發現這是重大改變。產品模式需要產品團隊和利害關係人成為通力合作的夥伴。是的，產品團隊不再是順從利害關係人的僕人，但他們仍然仰賴利害關係人。實務上，這意味著利害關係人和產品經理要建立信任。

被賦權產品團隊的工作目的是以令顧客喜愛、同時又能帶來事業效益的方式去為顧客或事業解決問題。如果產品團隊能夠直接、不受阻礙地接觸使用者與顧客、產品資料，通常不難打造出令顧客喜愛的

解決方案，但要打造出令顧客喜愛、但同時也滿足事業不同部分的許多、且往往互競的需求，可能具有很大的挑戰性。

你必須確保解決方案能夠有效地行銷、銷售及服務。你必須確保你能獲得打造此產品的經費，並且能夠有效地產生營利。你必須確保這產品能夠運行。你必須確保這產品遵從相關法規，遵守隱私法及夥伴合約，並且不會對人或環境造成意外的後果。

我們知道你無法獨自完成這一切，但我們也認知到，為打造任何產品，需要作出數百個、甚至數千個決策，在作每個決策時邀集所有相關的利害關係人，不僅是過度耗費時間與金錢，而且我們也知道委員會鮮少有創新之舉。

為了創新，你需要直接接觸顧客，直接接觸賦能技術。

我們也認知到，為了在利害關係人和產品團隊之間建立相互尊重與信賴的關係，**產品領導者有責任確保每一支產品團隊有一位稱職的產品經理，他致力於了解事業的種種限制，並且成為利害關係人的好夥伴。**如果產品經理沒有上述基礎，卻期望利害關係人信任他，這不僅不切實際、也不明智。

不過，儘管產品團隊的產品經理代表不同的事業限制，很少產品經理對所有相關的事業層面有足夠深入的了解。因此，產品團隊對利害關係人的承諾是，每位產品經理承諾直接和每個相關的利害關係人直接互動，致力於學習及了解各種事業限制和每個領域代表的需求。

此外，產品團隊知道建立知識與信任需要花時間。每當他們考慮一個可能對一特定利害關係人有所影響的解決方案時，產品經理應該向這個利害關係人展示解決方案的原型，讓他們能在產品團隊打造任

何東西之前，考慮這改變的牽連性。

如果產品經理正確了解各種事業限制的話，利害關係人只需花幾分鐘檢視原型就能同意。不過，就算有問題，產品團隊也能快速迭代原型，直到利害關係人認為這解決方案已消除他們的疑慮，並且對事業有效。

有時候，這一切做起來很容易。但其他時候，為了得出一個不僅顧客喜歡、多位利害關係人（每個利害關係人各有不同的需求）也接受的解決方案，這可能需要許多次的迭代才能得出皆大歡喜的解決方案。而且，各方都行得通的解決方案最終可能產生任何一個利害關係人原先無法想像到的結果。

更概括地說，產品經理努力實現期望的事業結果。產品團隊知道，他們打造與交付的功能未必解決顧客或事業的根本問題，但產品團隊致力於追求必要的結果。

但是，產品團隊的承諾是不打造（當然也不交付）任何不符事業重要需求的解決方案。萬一打造出來的產品對事業行不通，或者更糟的是，萬一產品已經交付給顧客，產品團隊只能承諾盡快修正，並且研判錯誤如何發生以避免再犯。

產品經理承諾尊重利害關係人的時間，並贏得他們的信任。他們也致力於將產品打造過程透明化，並且鼓勵利害關係人參與測試使用者及顧客的活動，歡迎他們檢視打造出來的任何原型，歡迎他們檢視產品資料——有關於產品如何被使用的資料，以及即時資料的測試結果。

產品組織和利害關係人通力合作，能以顧客想像不到的方式為顧客及公司解決問題。

第26章

與高階主管合作

　　根據目前的公司文化而定，轉型為產品模式可能代表高階主管跟產品團隊及產品領導者之間的互動模式必須大幅調整。轉型為產品模式通常需要顯著的文化變革，尤其是必須改變原先由上而下指揮與控管的領導風格時。

　　當我們討論必要的文化變革時，主要聚焦於產品組織和技術組織必須作出的變革，但是轉型的一個重要以層面是改變高階主管和產品組織之間的動態與互動。

　　許多產品領導者和產品團隊會以為這很容易，只對高階主管說：「請後退，給產品團隊空間去做他們分內的事。」但是，這種想法忽視一個現實，即高階主管在負責且有效地經營公司方面有非常現實的需求。

　　當公司把決策下放給產品團隊時，產品團隊必須了解事業的策略脈絡背景，而這些大多來自高階主管。因此，在產品模式中，產品團隊非但不能減少與高階主管的互動，反而必須跟高階主管有頻繁且高品質的互動。

本章我們要談互動的性質。產品團隊必須向高階主管提供他們運營事業所需要的資訊,但高階主管授權產品領導者和產品團隊去做他們有能力做的事情。

我們發現,有一套方法有助於鼓勵高階主管跟產品領導者及產品團隊之間進行建設性的互動。

決策

產品模式的核心思想之一,是把決策下放給最能找出最佳解答的產品領導者或產品團隊,通常這些人在工作中直接使用賦能技術,他們直接接觸使用者及顧客。

但是,產品團隊能夠作出好決策的前提是有人提供他們必要的事業策略脈絡背景,因此高階主管必須分享更大的脈絡背景:事業策略、財務參數、法規發展、產業趨勢及策略夥伴關係。

產品團隊仰賴高階主管盡其所能分享更多的策略脈絡背景, 如此一來,他們才有資訊作決策。高階主管仰賴產品領導者及產品團隊公開坦誠地分享資料,以及他們用以作出決策的論據。

結果

產品團隊了解結果最重要,因此正常情況下,產品團隊為結果當責,而非為產出當責。換句話說,只有在指派待解決的問題給產品團隊(而非指派他們去打造特定的解決方案)、並且賦權他們找到有效的解決方案之下,這種模式才行得通。

為了找到最佳解決方案,產品團隊仰賴高階主管提供盡可能多的

自由度去解決指派給他們的問題。產品團隊則是承諾負責為問題找到解決方案，並且盡最大努力同時為顧客、事業與技術解決問題。

歧見

產品團隊知道高階主管有最大的資料存取許可權限，也最了解廣大的事業脈絡背景。但是，產品團隊接觸賦能技術，並且天天透過產品跟實際使用者及顧客互動。

產品團隊知道有時候會出現歧見。在先前模式中，反向思維或反直覺的構想不被探討，創新鮮少發生。在產品模式中，往往是這些反直覺的洞察驅動真正的創新。如果某個東西重要，你指導產品團隊如何快速且負責任地進行測試，以收集必要證據或證明。

產品團隊仰賴高階主管容許、甚至鼓勵他們去探索他們認為成功所需的各種方法。如果產品團隊提出一個伴隨風險的方法，他們也會承諾負責任地測試產品探索，以收集必要證據並分享這些發現。

承諾

產品團隊了解，高階主管有時候需要知道特定可交付結果的交付日期，產品團隊承諾把這些當成「高誠信承諾」來處理。產品團隊了解，當作出承諾、卻未實踐時，組織的信賴感會降低。

產品團隊要求，只有負責實踐承諾的產品團隊才能作出承諾，而且不能要求產品團隊對他們不知道將涉及什麼、以及需要什麼才能成功的事情作出承諾。

此外，產品團隊期望「高誠信的承諾」只是例外情況，不是常態，

因為作出及實踐高誠信承諾需要花費的時間和心力很可觀。

產品團隊一旦作出承諾，他們誓言將會認真看待承諾，盡其所能地實踐它。

意外

產品團隊知道意外在所難免，但他們也知道必須極力減少意外。這意味著如果有任何潛在敏感問題，產品經理應該認知到這一點，並且跟受到影響的利害關係人或高階主管說明及討論，爾後才謀求打造解決方案。

產品團隊打造、且擴大一項優異的新功能時，最糟糕的浪費形式之一就是事後發現解決方案不可行。因此，產品團隊努力打造之前，要預先和相關主管一起檢視任何有潛在風險的解決方案。

同樣地，如果高階主管在產品探索階段檢視原型時沒有提出任何疑問，但在產品打造出來、且部署於生產環境中時才說存在嚴重問題，這是非常浪費成本且令組織沮喪的事。

不論原因為何，當打造出來才發現存在嚴重問題，必須進行事後驗屍，討論日後應該如何避免這種浪費。

信任

產品團隊了解賦權是基於一定程度的信任，他們致力於贏得信任。同理，產品領導者及產品團隊也信任高階主管領導公司朝往有利方向。雙方不會不切實際地期望對方完美，但產品領導者和產品團隊各自認知到他們依賴彼此，並且盡最大努力去成就彼此。

第27章

創新故事：Gympass

　　馬提評註：現在，全球各地都有很棒的轉型及創新案例，我喜愛這家處於快速成長階段的巴西新創公司在受到疫情考驗期間所做出的成就。

公司背景

　　Gympass 是一家成立於 2012 年的巴西公司，其使命是借由戰勝不常運動的習慣來改善上班族的健康與福祉。公司客戶透過 Gympass 平台，為他們的員工提供分布於 11 個國家、超過 50,000 間健身房及舞蹈室的運動網絡。

　　該公司創立的頭五年間，從早期的新創公司成長到擁有超過 800 名員工的大公司，但內部還是只有一組小型 IT 單位。他們主要仰賴一支大型的商務營運團隊，並使用試算表來運行大部分業務。

　　為了有效利用技術，Gympass 在 2018 年決定轉型，其領導者聘用經驗豐富的產品領導者約卡・托瑞斯（Joca Torres）擔任該公司的產品

長。托瑞斯和該公司技術長及行銷長共同合作，三位領導者快速建立起一個技術與產品組織。首先，這些技術與產品團隊把商務營運團隊做的大多數工作予以自動化，並為健身房、終端使用者（公司客戶的員工）及公司客戶的人力資源部門人員（好讓他們看出健身對自家員工的影響）創造全新的體驗。

這些努力很快就獲得回報，邁向 2020 年之際，Gympass 已經步上強勁的成長軌道。

不幸的是，隨後新冠疫情來襲。健身業是立即受到疫情嚴重衝擊的產業之一，尤其是健身房及舞蹈室這種親自到場的營業性質。各家公司的員工不僅無法回到辦公室上班，連健身房也去不了。健身和體適能產業的無數公司被迫歇業。

跟這段期間的許多公司一樣，Gympass 領導團隊面臨生存危機。他們知道公司的使命——戰勝不常運動的習慣——現在變得比以往更為重要，但他們也認知到自己必須快速、大幅度地轉變經營方式。

需要解決的問題

所幸，Gympass 的產品組織已經跟使用者一起學習、測試了許多健身相關的產品構想，他們早就發現，有一定比例的使用者對於在健身房健身以外的健康活動感興趣，例如：冥想、正念、營養及居家運動。

產品團隊需要解決的問題是，為 Gympass 的使用者提供各種居家型的健康解決方案，讓他們能夠在不去健身房或舞蹈室之下，維持他們的健身活動。

策略上，產品團隊採行一種「打造產品並與夥伴合作」的方法，

亦即解決方案的重要部分跟其他健身解決方案供應商合作，提供特定的垂直型健身解決方案。

探索與找到解決方案

產品團隊開始密集地進行產品探索，包括快速打造一系列的原型，旨在應付他們考量的兩大風險。

第一個、也是最嚴重的風險，是必須確保解決方案對終端使用者有價值。Gympass 知道，如果終端使用者（公司客戶的員工）選擇不使用新的解決方案，那些公司遲早會停止支付這項員工福利。

第二個風險是，必須確保新產品及伴隨的事業模式有利可圖，尤其是為健身解決方案供應商夥伴及 Gympass 本身創造足夠的營收，但同時又符合公司客戶的福利要求。

這次產品探索工作使用的主要工具是使用者原型，展示使用者體驗和各種健康服務。另外，他們也用幾個可行性原型來測試跟重要合作夥伴的運作集成。產品團隊覺得他們處理了這些風險之後，必須以前所未見的速度從原型邁入實際打造產品。

除了產品發展與探索之外，該公司不到 2 個月的時間招募了近百位垂直型健身事業夥伴，確保公司能夠有更多語種來支援使用者從事廣泛的健康活動（使用者可透過應用程式訂閱平台上的各式運動影片來持續運動）。

結果

Gympass 在 4 週內於 10 個國家推出新的解決方案，並在短短幾個

月內使用者人數從零成長到數十萬個。從事這項任務的產品團隊成員，包括：1 位產品經理、1 位產品設計師及 4 名工程師，他們跟來自商務營運團隊的 1 名專員及 1 位產品行銷經理通力合作，銷售部門也協助招募當地的事業夥伴。

如果 Gympass 沒有投資於轉型，幾乎可以確定他們不會具備如此快速轉軸事業所需要的技能，他們很可能淪落到跟許多健身業同行一樣的命運。但是，疫情期間 Gympass 的公司客戶數及營收成長超過 1 倍，公司估值提高至 22 億美元，成為拉丁美洲科技業的成功故事之一。

第7篇

轉型故事：Datasite

撰寫人：SVPG 合夥人克里斯提安・艾迪奧迪

馬提評註：我得知克里斯提安要進入公司擔任產品主管時，我已經認識他好幾年了，也認為他是業界頂尖的產品領導者，所以我告訴他，我可以幫他引介到近乎任何一家知名公司擔任產品主管，但他說自己很想嘗試把這家歷史悠久、銷售導向的金融服務公司，轉型成採用產品模式的頂尖公司。儘管我知道他很優秀，但我告訴他，他選了一個非常艱難的挑戰。不過，了解克里斯提安的人都知道，他不是畏懼困難挑戰的人。他與另外兩位優秀的領導者——湯瑪斯・弗瑞戴爾（Thomas Fredell）與傑瑞米亞・伊凡（Jeremiah Ivan）——一起進入這

公司，三人一起重新定義了可能性。

位於明尼亞波利斯（Minneapolis）工業區的梅里爾公司（Merrill Corporation），由羅傑・梅里爾（Roger Merrill）及其妻子於 1968 年創立，我加入時，這家公司正處於產業危機之中，迫切需要變革。

梅里爾公司是一家傳統、實體的家族企業，主要業務是財金印刷服務，包括的財金文件如：年報、公開說明書、股東委託投票說明書，以及其他證管會申報文件等的印刷、編排格式及配送。該公司也提供文件管理服務，幫助客戶整理、儲存及分享資訊，包括：外件擷取、編索引、儲存、檢索及分發。其他服務，包括：虛擬資料室，讓客戶能夠安全地跟獲得授權的使用者分享機密文件及資訊。

可是，世界改變了。領導者知道梅里爾必須轉型，事實上，他們曾經嘗試把轉型工作外包，但慘敗收場。為了繼續前行，執行長賴斯提・威利（Rusty Wiley）知道公司必須自己推動轉型，因此他聘用湯瑪斯・弗瑞戴爾、傑瑞米亞・伊凡及我，三人捲起袖子展開轉型工作。

動機

大量外部因素阻礙梅里爾在快速變化的市場上脫穎而出：

- **重度倚賴傳統業務**。梅里爾的業務主要是為金融產業提供印刷及通訊宣傳服務，但在數位技術普及和傳統印刷媒體式微之下，梅里爾的事業模式很快就過時了。

- **有限的技術創新**。梅里爾在更新現有技術和在市場推出新產品方面落後其他競爭者，部分原因是該公司未能了解客戶的需求

演變。

- **先前模式**。梅里爾採用專案模式，並結合指揮與控管的領導方式來執行任務，限制了內部員工的幹勁與創新。
- **聲譽受損**。梅里爾面臨幾樁跟資料外洩及資安有關的官司，正接受監管當局調查，這些事件傷害該公司的聲譽，損害客戶對他們的信賴。

我們加入這家公司時，上述幾點是最迫切的問題，但我知道這些只是表面症狀，我必須找出根本原因。

龜速列車

在梅里爾公司員工看來，公司落後的原因很簡單：速度更快、更便宜又懂得如何利用技術的競爭者出現了。

他們的看法沒錯，但只對了一部分。為了解決根本問題，我花很多時間跟銷售主管道格・庫倫（Doug Cullen）一起交談、探索，事實證明他是值得信賴的盟友。他告訴我：「克里斯提安，你必須了解的一點是，梅里爾主要是一家銷售導向的公司，這意味著我們的文化源於此。如果我們決定要解決某個顧客問題，那只是因為銷售人員想解決這問題。如果我們決定打造某項新技術，那只是因為銷售人員想要這項技術。銷售主導一切，其他人只是遵從。」

為了幫助我更了解這點，道格跟我講述公司正在發展的第七版技術平台，以及為了跟新進者競爭而購買的軟體。這平台專案有一位銷售總監管理，他把發展平台的工作外包給一家印度公司。平台花了近 6 年才完成，花費超過 600 萬美元，然而平台發布之後創造的營收卻

不到 30,000 美元。

　　所以，有一個明顯的根本原因存在：權力中心在銷售組織，技術部門只擔任僕人的角色，這情況造成種種的競爭弱勢。舉例而言，由個人業績驅動的銷售人員通常會優先考慮他們的特定商機，而非公司的策略目標。不同的顧客可能獲得不同的公司觀點和不同的業務服務，一切取決於他們跟哪一位銷售員往來，這可能對公司的聲譽及顧客忠誠度造成負面影響。

　　另一個問題是，聚焦於特定交易與商機的銷售人員並不善於在客戶群中辨識新市場或產品機會，這導致公司缺乏創新，使梅里爾更容易遭受在辨識與滿足顧客需求方面更出色的競爭對手攻擊。

消權的傭兵文化

　　梅里爾的銷售導向文化使我很快地辨識出這家公司的另一個核心問題：消權（disempowerment，也譯去權）。在銷售與服務組織充斥著英雄主義之下，公司的其他單位如同傭兵一般，工程工作被外包，決策是由上而下，產品團隊被交付要執行的功能與專案路徑圖。

　　梅里的辦公空間是由高隔板分隔出小隔間，內部缺乏陽光，團隊成員感覺孤立、格格不入。這感覺導致員工難以、甚至不可能有效地通力合作與溝通，進一步降低他們的被賦權感。此外，員工座位是按照階級來區分樓層，欠缺團隊的共用空間，導致士氣低落、互動減少。

　　由於梅里爾的員工覺得自己沒有作決策或掌控工作的權力，所以他們不願意冒險或建議新點子、害怕遭到否決。組織內的創新與創造力熄火，公司基本上不存在調適市場情勢變化的能力。

缺乏聚焦

梅里爾有超過 4,000 名員工分布於 23 個國家，公司多年來大幅成長，但不是有機成長，而是透過購併來驅動成長。

雖然，公司整體的資產組合是有賺錢，但全公司沒有團結的綜效或統一的主題目標。銷售組織沒有未來藍圖可以銷售給顧客，銷售人員重度倚賴個人關係及服務。

梅里爾同時拋出太多的球，在欠缺一個明確的願景和策略之下，公司沒有明確的前進方向，以及如何前往目的地的規畫。員工很難了解他們應該做什麼，以及如何為公司整體的成功做出貢獻。在這種情況之下，梅里爾幾乎不可能決定投資什麼產品或服務、瞄準什麼市場，以及哪些行動方案是優先要務。

由於核心事業完全沒有聚焦，梅里爾開始流失市場占有率。一個名為「Workiva」的新競爭者出現敲響了醒鐘，這個新競爭者為顧客提供現代的雲端型解決方案。

伴隨一個又一個的顧客開始轉向使用 Workvia 來處理他們的季報及投資說明書，梅里爾認知到，如果想在市場上繼續生存競爭，他們必須改變。但是，改變意味著什麼呢？

轉型為產品模式

我們知道公司必須改變每一個層次的運作方式，從如何打造產品或服務，到如何探索，再到如何聚焦。對於梅里爾這樣的老公司，有其根深蒂固的銷售導向文化，這意味著深層變革。

對於數位原生公司而言，技術和事業沒有區分，技術就是事業。

但對梅里爾公司，情況恰恰相反，這是一家銷售導向的公司，銷售團隊創造及管理營收，因此技術相關職務只是服務銷售組織的需求。

新模式如果要成功，技術組織不能再屈從銷售組織、當銷售組織的僕人，技術組織必須走到前線，其首要任務是服務顧客──既是問題的解決者，也是解決方案的賦能者。

改變我們的打造模式

由於長期投資不足，以及重度使用外部承包商，梅里爾的舊平台脆弱、過時，根本沒有能力應付市場需求。公司了解到他們必須重新投資，打造更現代、能夠快速反應的平台，以利於應對問題、市場機會和競爭壓力。

對梅里爾來說，解決方案是從現行的舊系統轉變為現代的微型服務架構。這也是許多老牌公司都有的問題，但許多公司並不具備擺脫這困境所需的技能。所幸，湯瑪斯招募我來管理這家公司的產品組織時，他也招募了傑出的工程主管傑瑞米亞‧伊凡，我們先前共事過。

我們需要的平台不僅要能夠應付現今的顧客需求，也要能夠進行必要的快速實驗，部署我們知道未來必備的新功能。

對速度的需求

同樣重要且必須注意的是，對梅里爾而言，轉變成現代平台的目的並非只是為了能夠快速部署，還有快速發現問題並修正。為了強調這一點的重要性，在此講述一個原本會有災難性結局、但最終成為轉型轉折點的故事。

某天一大早，我們接到公司其中一位大客戶的電話，該客戶因為發現公司系統中有一個安全性漏洞而憤怒。這個錯誤對該客戶來說太嚴重了，以至於該客戶揚言要取消跟公司簽訂的合約。警鈴大作，這事件被轉呈給我。我立刻通知銷售主管和執行長，讓他們準備接聽客戶公司執行長的電話。與此同時，我打電話給工程副總，告訴他這問題。

　　不到 1 小時，工程團隊找到問題，測試及部署一個修復程式。早上 10 點，我們接到該客戶的第二通電話，這通電話不是來抱怨的，而是來道歉的。「我們以為系統有問題」，他解釋：「但顯然是我們搞錯了。所以不需要打電話給你們執行長，沒事了。」

　　我把客戶的第二通電話內容告知執行長賴斯提，他鬆了一口氣，但同時也很興奮。他一直投資技術及人才，但從他的角度來看，遲遲不見到實質效益，現在，一切都改變了。

　　「克里斯提安」，他告訴我：「公司辨識和診斷問題的新能力令人印象深刻，解決問題的能力也很不錯，但最讓我注目的是，我們的工程團隊能夠快速反應顧客的需求。」

　　賴斯提說的沒錯，修正問題的能力之所以重要，不僅僅是因為這能力可以解決客戶的重大問題，也因為這能力彰顯公司努力推行所有技術與流程變革的效益。這些變革包括：

- 從地端平台轉變為雲端平台；
- 從瀑布式流程轉變為敏捷交付模式；
- 從單體式平台轉變為獨立微型服務；
- 從低頻率、偶爾發布，轉變為頻繁、小規模發布（CI／

CD）。

新的優化環境提高可用性、改善穩定性，並提供有服務保證的合約。這解決方案也使公司的營運成本降低了 30%。新平台提供了公司所有重要應用程式的儀表板、清楚的營運狀況能見度、賦能的詳細基礎設施及資料庫監控，如果需要新產能、新儲存空間或更多的運算力，都可以快速布建。

改變我們解決問題的方式

成功往往不是取決於我們的計畫，而是取決於我們建置的人員及流程能使我們對不確定性及意外作出反應。

我們不是簡單地批准並資助一個為期六個月的計畫，然後盲目地執行，完全不顧這段時間學到的一切。反之，我們是撥經費給一支被賦權產品團隊來解決問題，然後為他們配備能夠每天適應客戶和技術並從中學習的技能。

通力合作解決問題

解決問題是一種通力合作的流程，不是單靠前線的顧客，或銷售人員，或全能的執行長，這些人不知道現今技術的潛力，大多數創新的解決方案來自那些工作上最接近技術的人。

但是，想產生創新的解決方案，必須讓產品團隊消息靈通，並且被賦權作出決策。產品團隊需要一組職能和技能去處理在辨識與交付值得打造的解決方案時所涉及的風險。

由上而下的決策模式不僅緩慢、繁瑣，而且決策往往遠離顧客與

技術的重要知識所在地。

反應顧客的需求

被賦權產品團隊不只關心技術，他們詢問有關於使用者、顧客及市場、需求與動機等方面的疑問，也詢問有關於問市、法遵、安全性、隱私、成本、營利等方面的事業疑問。

更概括地說，如果產品團隊要打造新的解決方案，在還未撰寫任何一條程式碼之前，他們想知道人們是否確實會購買及使用這些新的解決方案。他們也想知道所有風險因素，以確保打造出來的產品不會傷害顧客、銷售與服務部門的同仁、公司聲譽或營收。

我們如何對產品態度賦權呢？

第一步是從撥付經費給專案轉變為撥付經費給人員及團隊，這包含指派問題給他們解決，而非指派他們打造功能。接著，我們創造安全的環境，讓團隊成員知道他們被賦權作出決策，沒有上層指責或微管理他們。我們也對這些團隊配置問題解決者，即願意加入產品團隊、負責交付事業結果的人。

這是梅里爾轉型的一個重要部分，該公司必須從舊專案型經費分配模式轉變為把預算分配給解決問題的團隊。這意味著必須配置新角色，例如：產品經理和產品設計師。這也意味著從以往把工程工作外包模式轉變為在公司內建立工程能力。

這些通力合作的團隊使公司能夠以令顧客喜愛、同時也為事業帶來效益的方式為顧客的問題找到解決方案。

利用眾人的知識與經驗

決定轉型為產品模式並不會自然而然地使你變成優秀的問題解決者，這必須仰賴被賦權的產品團隊：有不同技能的優秀人才共同解決問題，產生更好的解決方案。建立被賦權產品團隊並非把權力從一群人手出轉移至另一群人手上，而是把來自不同領域的人集合起來，利用他們的知識與經驗。

在梅里爾，我們其中一種做法是讓產品與技術人員去跟顧客交談。改變我們解決問題的方式是指：

- 去除商業分析師及產品負責人的舊角色。
- 招募與教練指導專業的產品經理。
- 配置產品設計這個職能──招募專業的產品設計師。
- 從工程外包轉變為公司內部建立一支工程團隊。
- 建立「產品三人組」（troika）──產品經理、產品設計師及工程技術領導，他們跟銷售與行銷組織通力合作解決產品團隊被指派的問題。
- 建立產品探索能力。

建立產品探索及重要的產品團隊職能為組織增添重要的新技能與能力，這需自公司領導團隊承諾共同提升組織的技能水準。

改變我們決定解決哪些問題的方式

當公司說：「所有事情都很重要」時，公司就有太多的優先要務，一事無成的標準藉口是相互指責，他們說：「我們欠缺資源」或：「我們有技術問題」，但真相是他們有「聚焦」的問題。你必須有一個動

人的產品願景和一個洞察導向的產品策略，才能聚焦要解決的問題。

產品願景必須夠遠大而能持續幾年，但我們可以經常根據我們學到的洞察來改變我們的產品策略，通常是每季修改一次。

脈絡背景與洞察

追求哪些機會或應付哪些問題的最佳決策取決於脈絡背景與洞察。洞察告訴你發生了什麼事，脈絡背景告訴你事件為何發生。洞察來自顧客與競爭者，來自市場與產業，但最重要的是，來自資料。脈絡背景來自知識與經驗，把觀點應用於資料上。結合洞察與脈絡背景，能為你提供發生了什麼、為何發生、需要做什麼的全貌。

這是產品模式的意義所在：我們追求什麼機會的決策是根據脈絡背景和洞察，不是根據各方反應或機會主義的事業需求。

對梅里爾來說，這意味著從一個共同的產品願景出發，有一個清楚闡述的產品策略。我們必須清楚我們想要服務哪些顧客，以及我們想要為這些顧客解決什麼問題。這意味著我們將不會做的種種事情，因此我們出售幾項業務，關閉一些業務，使我們能夠確實地聚焦在最佳機會。

結果

2020 年，梅里爾公司改名為 Datasite，取新名稱的目的是反映這家公司完成轉型，他們出售舊的財金印刷業務，聚焦於快速成長的全球性 SaaS 型技術平台，服務進行購併活動的客戶。

轉型前，舊的梅里爾公司可能花上數月、甚至數年來決定是否為

顧客打造與交付新功能。新的 Datasite 把極限推到近乎天天為顧客推出新價值。

　　這種速度與創新程度已經轉化為事業績效，2019 年的公司營收成長超過 30％，每年輔助超過 10,000 樁購併交易。現在，Datasite 不僅是產業內的領先者，其創新文化也備受推崇。

第 **8** 篇

轉型方法

我們已經討論了轉型為產品營運的運作模式、產品模式的新職能及新概念，也分享了幾家公司成功轉型的故事，接下來要討論更一般性的變革管理主題。換句話說，你從現在所處位置到夢想之地的最佳途徑？

視想要轉型的組織的規模而定，通常轉型為產品營運模式可能得花上 6 個月至 2 年的時間，前提是假設公司認真看待轉型，而非只是兒戲。第 8 篇總共 7 章全都是分享我們認為對你的轉型行動有所幫助的方法：

- **轉型結果**。我們首先談目標，何時完成轉型？

- **轉型評估**。展開轉型之前,應該先清楚了解公司目前的處境。這裡會介紹我們開發的評估工具,當我們輔導公司轉型時,我們總是使用這工具。評估始於從高層次綜觀組織目前如何生產產品,接著深入檢視產品模式職能、概念及原理的細節。針對每個評估項目,我們將與你分享檢視要點。

- **轉型戰術**。在你的轉型旅程中,有許多戰術可以幫助你,我們將其整理成三個部分:幫助你建立產品模式職能的戰術;幫助你建立產品模式概念的戰術;幫助組織學習產品模式的戰術。

- **轉型福音傳播**。我們討論持續、頻繁地在更大的組織中宣揚產品模式與進展的重要性。

- **轉型支援**。如何向產品團隊傳授產品模式呢?我們將討論兩種情況:第一、當你的領導者已經對產品模式有經驗時,該怎麼做?第二、當他們沒有產品模式的經驗時,該怎麼做?

第28章

轉型結果

你的轉型工作何時完成？

一方面，頂尖產品公司追求持續改善，因此從這個意義上來說，轉型其實永無止境。但是，轉型有一個很重要的里程碑。在產品模式中，其原理是產品團隊對結果當責。光是推出新方法還不夠，光是訓練你的團隊還不夠，光是有產出還不夠，產品團隊必須產生事業結果。

如果產品團隊沒有為顧客及公司產生結果，試問，你到底取得什麼成就呢？

在討論產品模型的轉型時，很重要的一點，從始至終將轉型工作定義為交付實際結果。正是這個原因，我們才會在書中分享那麼多轉型為產品模式的公司何以推出優異的創新。在每一個案例中，公司如果沒有先發展這些新能力，根本沒辦法產生創新結果。這是轉型為產品模式的真正理由。

當我們談論轉型結果時，我們總是喜歡圍繞著結果來討論。你希望轉型後公司能夠做到哪些現今無法有效達成的事情？

由於你無法預測未來，無法明確地說明你對未來出現的機會設立什麼目標，所以絕大多數公司都希望有能力去辨識及利用最有前景的機會，以及有效因應最嚴重的威脅。許多早期轉型為產品模式的公司能夠調適新冠疫情帶來的挑戰，有些公司更是因此變得比以往茁壯。

早期轉型為產品模式的公司能夠快速學習新技術（包括新的生成式 AI 技術），用以往無法做到的方式來為顧客解決問題。現在，這些公司變得比以往更具有競爭力。

無人能預測何時會出現一種重大的新賦能技術，你能做的就是讓你自己及你的組織做好準備，以便能夠應付出現的威脅，並利用出現的機會。

第29章

轉型評估

綜述

任何轉型計畫想成功，必不可少的是誠實正確地評估組織現狀。

評估工作需要花多少時間呢？這裡提供你參考：經驗豐富的產品教練通常只需 1 天就能評估一個組織（最多一個事業單位）。經驗優勢在於知道要詢問誰、詢問什麼及檢視什麼。

不過，本章的目的是幫助你自行做評估，縱使你不曾做過類似的評估工作也沒關係，只不過在這種情況下，評估工作可能會花幾天。在討論如何做此評估之前，有一些很重要的提醒。

務實

沒有公司是完美的，縱使是最頂尖的產品公司偶爾也會發現某支產品團隊的工作方式跟其他的產品團隊不同，或是有些經理人在壓力下回復由上而下的指揮與控管式領導風格。通常，當事人很清楚這種情況，也致力於矯正，但這不代表這家公司整體沒有採行產品模式。

太多人對此抱持天真、不切實際的期望，這些人很快就會失去高階領導者的信任。因此，在評估一個職能或能力時，切記，你不是在檢視情況是否完美，而是要了解大多數的情況。

另一個極端情況是，鮮少有公司樣樣不及格，每家公司至少有一些領域做得不錯，務必認知及肯定這些付出。

和所有階層交談

為了獲得正確的組織樣貌，你必須和組織所有階層的人交談，從執行長／總經理到個別工程師。你會發現不同階層的人，其認知與了解可能相差十萬八千里，你也會發現，一些經理人（尤其是中階經理人）多麼精通、有效地矇蔽資訊不讓高階領導者得知。所以，初次聽到某件事時，千萬別驟下定論。

尋找證據

說好話並不難，但你不能只聽人們怎麼說，你得找證據，看人們是否了解這些話的真實含義，他們陳述的是不是每天的現實。就大多數的評估項目來看，你可以觀察一些客觀指標或行為，例如：你可以請求看一些原型；請求看一些 OKRs（ Objectives and Key Results，目標與關鍵結果）；請求看產品願景；請求看產品策略；請求他們提供一些產品路徑圖。

別只看表面

打造優異產品的途徑不只一條（參見第 9 章的方塊文「只有一條

正確途徑嗎？」），如果有人告訴你正確途徑只有一條，他們只是想向你推銷他們的特定框架或服務。如果你造訪過夠多的頂尖產品公司，你會發現打造好產品的有效途徑很多；如果你造訪過夠多不及格的產品公司，你會發現無效的途徑起碼一樣多。在評估時，你主要關心的是這組織現在是否實行產品模式的原理。

至於他們如何定義角色與職責來劃分工作，他們談到產品模式概念時使用什麼術語，他們有什麼特定的交付流程，他們喜愛使用什麼探索方法，這些全都是次要考量。

仁慈

切記，跟你互動的人當然害怕受到評價，尤其是涉及他們個人的工作和一些即將被取代的實務。

這裡必須強調的是，評估工作不是在評量個人，而是在評估被用以生產產品的特定模式。

如果處理得宜，評估工作能夠幫助這些人開始思考他們可以如何成為未來變革行動的領導者。如果處理不當，這些人可能會考慮離開公司，或者更糟的是，不離開公司，如此一來，他們才能試圖破壞轉型行動。

高層次的評估

組織評估從高層次綜觀組織目前如何生產產品開始，接著詳細檢視產品模式必要的職能（不同的產品人員及他們的技能），以及重要的產品模式概念（產品人員用他們的技能做什麼）。

我們在本書前幾章敘述了使用產品模式的組織樣貌，但在評估工作中，你要檢視的是組織目前如何執行工作。

如何打造與部署產品

大多數產品團隊的發布頻率如何？是獨立發布抑或必須以單一整合套裝的形式發布？

如果顧客遭遇重要問題，偵測與修正的機制是什麼？在什麼條件下，工程師才能「有信心地發布」（release with confidence）？[1]

誰負責確保新功能正確運行？這大致上屬於自動化流程嗎，抑或大致上是人工作業流程？產品團隊的自主程度如何？換言之，產品團隊多常抱怨他們就算只是執行簡單任務，也必須管理太多的互依性，以及得跟太多其他產品團隊互動？是否常聽到抱怨每支產品團隊的職責範圍狹窄？產品團隊是否想要更多的端到端（end-to-end）職責？

部署新功能時，是否例行地監測這些新功能並收集資料？誰檢視這些資料？

組織對於工程部門的速度、品質及信賴度的看法如何？組織目前的技術負債程度如何？切記，每一個組織都有技術負債，但組織目前的技術負債狀況嚴重嗎？有什麼症狀？有沒有處理技術負債的計畫？如果有，團隊目前執行到哪個階段？

---

[1] 這句流行詞指的是工程師在有信心即將發布的新功能如同廣告所言、且不會導致負面的意外後果（所謂「倒退」的情況）後才發布。

如何解決問題

工作如何分派給產品團隊？以功能與專案路徑圖的形式嗎？這些功能與專案是從何處產生的？

當團隊從事被指派的工作時，他們使用什麼流程？有哪些重要角色與職責？由誰決定詳細的要求，以及如何決定？他們的決策有證據作為根據嗎，抑或純粹只是憑藉他們自己的看法？

工程師何時及如何出場？有產品設計師參與嗎？工程師和設計師何時及如何參與？

在提出解決方案細節方面，利害關係人扮演什麼角色？團隊如何確保解決方案符合利害關係人的需求？

跟顧客互動的程度如何？是否在決定打造解決方案之前，對顧客進行潛在解決方案的測試？如果是，如何進行測試？

構思與點子有多常被否決或大幅度更改？這種情況的發生是經過什麼流程？類似這樣的決策，必須經過領導者或利害關係人的核准嗎？

成功的定義是什麼？是交付一項功能嗎？是準時交付功能嗎？每一項功能有相應可評量的結果嗎？如果交付了功能，卻未達成結果呢？

組織對於那些負責定義與設計這些功能的團隊成員有何看法？認為他們具有顧客與事業的深度知識嗎？信任他們嗎？

如何決定解決哪些問題

由誰決定將做哪些工作？

公司有某種年度或每季規畫流程嗎？目的是確立優先順序和經費嗎？如何作出經費決策？由誰提出專案提案？公司是按照專案來分配

經費，抑或分配經費給產品團隊（或個人）？

有產品願景嗎？有產品策略嗎？如果有，它們是由組織高層研擬的，抑或是個別產品團隊研擬的，抑或是介於二者之間的組織層級研擬的？

如果產品團隊的工作是根據產品路徑圖，由誰決定路徑圖上的項目要求？這工作是來自銷售組織嗎？是來自利害關係人嗎？是來自執行長嗎？產品路徑圖上的項目性質是什麼？是功能或專案嗎？抑或是要解決的問題或要達成的結果？

不論是誰作出這些決策，如何決定哪些項目做，哪些項目不做？如何決定優先順序？

這些工作項目有相應的期望事業結果嗎？由誰定義這些期望結果，如何決定這些期望的？

組織有追蹤這些項目多少比例確實如期望地達成結果嗎？

詳細評估

現在，你大致了解公司如何生產產品，接下來要檢視特定的產品職能及概念，以了解你需要處理什麼，以及哪些部分存在落差。先提醒你，本書前面幾篇已經敘述了這些產品模式的賦能及觀念，因此我們在此只是說明如何實際辨識與評估職能及概念。

產品模式職能

在檢視個別角色前，先了解產品組織的整體規模，至少知道每一個角色總計約有多少人。這聽起來容易，但由於許多組織的職稱並無

標準，你可能需要深入了解每個角色的職務含義，然後再試著弄清楚人員與角色的分配。

舉例來說，許多組織有「產品經理」的稱職，但他們也擔任其他的角色，例如：產品負責人、商業分析師、計畫經理、解決方案架構師等。但是，如果你詢問這些人的職務，在許多案例中，他們做的是產品管理職務的一部分。

【產品管理】這方面，你主要檢視組織是否了解被賦權產品團隊的產品經理、功能團隊的產品經理及交付團隊的產品負責人的差別。

你可以和產品經理交談，和仰賴產品經理的那些人交談，例如：利害關係人或工程師，就可以大致知道組織是否了解這些差別。

產品經理的工作時間如何分配？他們經常整天都在開會嗎？如果是，參與什麼會議？他們投入產品探索的時間有多少？

產品經理對顧客的了解程度如何？他們浸濡於資料的深入程度如何？他們對於產品問市的了解程度如何？他們對於事業的其他層面了解程度如何？他們對產業、競爭情勢及相關的技術趨勢的了解程度如何？

產品經理受過哪些種類的訓練？他們受過全職訓練嗎，抑或只受過產品交付流程的職能訓練（例如：敏捷產品負責人的訓練）？

產品經理備受尊崇嗎？他們跟設計師及工程師通力合作的程度如何？他們跟利害關係人通力合作的程度如何？高階主管團隊對這些產品經理的看法如何？產品經理是否每週獲得指導？

【**產品設計**】這方面，你主要檢視三件事：

第一、組織是否了解何謂產品設計，以及其與行銷組織使用的設計師職能的差異？組織是否了解服務設計、互動設計、視覺設計及器材設備與裝置的工業設計？

第二、組織是否有該領域足夠的優秀設計師，抑或組織現有的設計師在幾支產品團隊之間跳來跳去，盡其所能地做事？

第三、組織內部是否成立一個設計組織，就像自家內部的設計公司那樣，產品團隊向設計組織申請設計師，抑或產品團隊內建一流的產品設計師？

產品經理是否製作線框圖（wireframes），然後交給設計師去進一步處理美觀問題？何時引進產品設計師於產品探索和解決方案設計流程？是在產品經理已經大致決定他想要什麼之後嗎？

設計師多常打造原型？什麼類型的原型？他們使用什麼工具？他們如何測試這些原型？

更概括地說，組織是否有一位經驗豐富的設計經理，懂得產品設計師應該具備什麼技能與素養，並每週教練指導產品設計師？

【**工程**】這方面，相較於產品經理和產品設計師，工程組織的規模通常相當大，你的評估工作不是要評估整個工程組織和所有類別的工程角色，你的焦點應該擺在將擔任產品團隊技術領導角色的高級工程師。

你要檢視的是，這些人是否了解高級工程師和技術領導的角色差異，尤其是你需要確定這些人除了關心打造方式之外，也同樣關心打造什麼內容。

切記，許多工程師只想要專注地打造產品，這是正常現象，但每支產品團隊必須有至少 1 名高級工程師願意、且能夠參與產品探索活動。

如果技術領導已經有造訪過顧客，這是一個很好的跡象。

跟最高層級的工程經理交談有關於他們的哪些工程師適任、工程領導者是否了解產品探索的重要性、他們是否至少每週教練指導他們的技術領導等，這將幫助你獲得很多的了解。

組織是否了解高級工程師和技術領導有所區別？有沒有一個角色明確地負責回應有關於打造什麼的疑問，而非只關心如何打造？技術領導是一個個人貢獻者，抑或一位人事經理？如果是一位人事經理，其屬下有多少位工程師？工程師們有多常直接造訪使用者及顧客？技術領導和產品經理之間的互動程度如何？技術領導與產品經理的職能鄰近程度如何？

工程師們是在衝刺規畫中首次聽到產品構想嗎？在評估是否應該打造某個構想時，工程師們扮演什麼角色？

在如何達成例行工作、作決策及處理特定類型問題方面，工程師們有既定的遵循路徑或標準嗎？

工程師提出的構想（尤其是技術性創新），是否被產品經理認真看待？

工程師負責把關他們的程式碼品質嗎？抑或把工作交給品質保證人員？工程師負責修正自己的程式漏洞或錯誤嗎？

有外包的工程師嗎？如果有，比例多少？哪些工程角色外包？是否有計畫改由自家內部負責？

組織如何看待工程師？是否認為他們只是照著上頭的要求打造內容？

【產品領導】這方面，產品領導是負責產品管理、產品設計及工程的經理人，幾乎每個公司都有扮演這些角色的人，但疑問在於他們的明確職責是什麼？

評估時，你的目的是弄清楚這角色的工作內容主要是作為人事經理，抑或深入指導屬下及建立策略脈絡背景的領導者。

他們如何定義職責？他們負責決定方向嗎？負責評量成功嗎？

他們是否明確地包含策略脈絡背景（產品願景、產品策略、團隊拓撲及團隊目標）？他們是否把宣傳策略脈絡背景視為他們工作的一部分？抑或他們認為自己的主要角色就是人事經理？

最重要的是，他們是否把教練指導視為自己最重要的職責之一？他們每週投入多少時間於教練指導工作上？

這些領導者深度了解他們的產品團隊、不對其施以微管理嗎？

個人貢獻者對他們的經理人有什麼看法？是否認為他們的經理人致力於教練指導他們？他們是否深入了解策略脈絡背景？

產品模式概念

接下來評估產品模式概念的部分。切記，幾乎所有公司都有這些概念的某種形式，例如：雖然尚未轉型成產品模式的公司鮮少有被賦權的產品團隊，但他們往往有功能團隊或交付團隊。你的評估目的是了解這公司或這個事業單位中最普遍的情況。

【產品團隊】這方面，基本上你要檢視這家公司有沒有持續性質

的團隊，抑或仍然只有暫時性質的專案團隊。換言之，公司是把經費撥給特定專案，並且配置專案團隊人員嗎？專案完成後，專案團隊就解散，人員轉往其他工作或團隊？

如果這家公司確實有持續性的產品團隊，接下來你要檢視這些產品團隊只是打造待辦清單上的項目（其實是交付團隊），抑或是交付利害關係人在路徑圖上提出的功能與專案（亦即功能團隊），抑或被指派去解決特定問題，且被賦權去探索與交付有效的解決方案（亦即被賦權產品團隊）？

你也要試圖了解這些產品團隊是否有所有必要的跨功能角色，這裡指的是前面評估的產品模式職能，但現在你要檢查是否每一支產品團隊有足夠的成員擔任必要職能。

其次，嘗試評估產品團隊成員的所有權感。這是主觀的感覺，但當你和團隊成員交談時，他們是否有高度的代理人感？他們是否對要打造的內容有所有權感？他們是否關心結果？如果出現問題，他們會如何反應？

最後，團隊能直接接觸顧客資料及利害關係人嗎？他們有多常造訪顧客？他們造訪顧客時，造訪人員中是否包含一位工程師？產品經理有存取各種資料的好工具嗎？他是否即時跟進與掌握產品使用情況的最新資料反趨勢？

【產品策略】這方面，屬於有點難評估的項目，因為「策略」一詞被被過度濫用了。

基本上，你要了解的是公司如何決定必須做的產品工作。有沒有一個將持續多年的產品願景？有沒有每季或年度規畫流程，為每一個

項目研擬路徑圖？抑或每支產品團隊被要求去跟利害關係人共同研議一份路徑圖？抑或產品領導者研擬一個產品策略，並據此產生一組要解決的問題？

切記，每家公司和每支產品團隊都有為了維持運營而必須持續做的工作，當我們檢視產品策略時，這些工作不在我們指涉的內容之內。我們要檢視的是產品領導者是否全面審視所有產品團隊，並使用資料來決定最重要、最具影響性而必須解決的問題。

【產品探索】這方面，尚未轉型為產品模式的公司大多不做產品探索，有做的公司通常只做設計部分，算不上產品探索。

關鍵在於檢視產品團隊為了找到一個值得打造的解決方案，測試了多少個構想。如果測試的構想數量與打造出的數量相同，這可能是設計，並不是產品探索。

理想上，你期望看到的是產品團隊測試大量的構想，但實際打造交付的數量只有測試構想數量的一半不到。這數字告訴你，產品團隊真的有測試構想，丟棄那些不值得進一步去做的東西。

你也要檢視產品團隊在做產品探索工作時考慮哪些產品風險。通常，產品團隊只考慮可行性風險，可能也考慮可用性風險。你要注意的是產品團隊有沒有評估價值和可營利性風險。

產品團隊知道如何進行快速實驗（包括量與質的部分）嗎？產品團隊了解負責任地測試產品構想的方法嗎？

【產品交付】這方面，評估產品交付時，首先你應該檢視產品團隊的發布頻率。你希望發布頻率不低於每 2 週 1 次，理想的情況是他們做持續部署。

你也要檢視所有發布的內容是否都被監測，以知道發布的功能是否如需運行。此外，你還要研判這家公司有沒有部署監控來偵察問題的發生。

最後，你需要檢視產品團隊是否已部署了基礎設施，以進行 A ／ B 測試之類的測試，研判新功能是否提供期望的價值。

【產品文化】這方面，評估屬於主觀性質，但這是很重要的評估項目。

首先嘗試研判這家公司遵循制式流程的程度，其一、何者優先：遵循流程，抑或遵循原理？理想上，你希望看到團隊了解產品模式原理，使用判斷力去決定他們該如何執行特定項目。

其次、信任程度如何？主要採行由上而下指揮控管模式嗎？抑或領導者嘗試把多數決策下放給產品團隊？

其三、這組織為了可預測性而優化，抑或試圖為了創新而優化？公司了解工程師在創新中扮演的角色嗎？是否要求工程師關心打造什麼的程度不亞於關心如何打造的程度？

最後，這家公司了解失敗在創新活動中的必要角色嗎？員工是否害怕做可能失敗的事？這公司了解快速且低成本地失敗，以避免在生產環境中失敗的方法嗎？

深入閱讀｜創新劇院

許多公司老早就已經喪失創新能力了，但在決定是否要認真考慮轉型之前，這類公司大多嘗試兩種方法當中的一種或二種，試圖重振成長與創新。第一種方法是透過收購公司，「買入」創新；第二種方法是設立某種形式的企業創新實驗室。

企業收購是一個大而重要的主題，超出本書範疇。不過，說到創新驅動型產品，大多數收購最終被認為是昂貴的錯誤，這已經不是什麼祕密了。我們指的不僅是收購成本，還有後續成本——舊系統的整合、技術負債、不滿意的顧客等。

不過，這裡要談的主題是企業創新實驗室的問題。產品模式的一個重要原理是，產品團隊負責產品探索與交付，而其中最糟糕的做法之一是，把這工作區分為兩支不同的團隊。

讓每一支產品團隊負責探索與交付這兩部分的工作，這原理之所重要的原因在於：發現有效解決方案的人，也必須是把這解決方案推到市場上的人，否則從探索團隊易手給交付團隊時，探索團隊跟顧客及賦能技術互動以解決問題的那種熱忱與興奮感就消失了。

更別提這種做法所導致的另一個問題了：你創造了兩類產品團隊，一類團隊創新，另一類團隊不創新。總之，雖然可以了解為什麼很多公司嘗試成立企業創新實驗室，但這種做法鮮少能夠獲致期望的結果。

第30章

轉型戰術：職能篇

建立產品模式所需的新職能通常是轉型為產品模式時最困難的部分之一，也是最敏感的部分，因為基本上你要讓員工學習新技能，並且承擔更多的職責。但是，建立這些職能通常是轉型行動中最先要做的事情，因為缺乏必要的技能，員工無法成功地實行產品概念。

附註一點，本章討論的許多方法在我們的前著《矽谷最夯・產品專案領導力全書》中更詳盡的說明。

產品模式職能

新的職務定義

你的公司可能有一些相同的職稱，但產品模式中這些職務有很不同的定義與職責。在此提醒，轉型失敗的主要原因之一是忽視這個事實，以為不需要採行困難的這一步——對擔任這些職務的人重新訂定期望——也能成功轉型。

成功始於先清楚定義產品模式中需要的職務，你才可以開始評估哪些人可能勝任，然後輔以經理或產品教練的指導，有一部分人可能

在這些角色上取得成功。如果你不重新定義職務期望，就無法看到行為或效能有所改變。

另外必須注意一點，產品和工程以外的職務定義也可能受到影響，這取決於組織結構。如果你發現轉型為產品模式的行動將影響公司裡的其他重要職務，必須考慮把這些職務也包含在重新定義工作期望的名單中。

職務重設

有時候，一種或多種產品模式職能需要重設。通常，公司原本就使用了跟產品模式相同的職能職稱，例如：「產品經理」或「產品設計師」，但這些職務其實是以往的「產品負責人」或「平面設計師」改換了頭銜而已。在這種情況下，公司不僅必須訂定一個高門檻，也必須清楚地向公司其他單位傳遞訊息：公司刻意改變這些角色。

當你重新定義一個角色時，務必一致地落實。例如：你可能暫時性地把公司裡目前全部的產品經理改換頭銜為「產品分析師」或「產品專員」，那麼當人們應徵新定義的產品經理時，或是當他們接受這個新角色的訓練時，你必須審慎地只對表現勝任的人賦予「產品經理」這個新頭銜。

角色平衡

為了使員工發揮最大價值，你必須讓產品經理、產品設計師和工程師這些角色之間有適當的平衡。一種常見的情況是，當公司轉型為產品模式時，這些職能角色起初處於失衡狀態。角色平衡跟第 31 章討

論的團隊拓撲有關。

　　轉型為產品模式時，公司通常最終需要較少、但更能幹的產品經理，更多具備廣泛技能的產品設計師，以及一群優秀的工程技術領導。產品領導者通常有很陡峭的學習曲線，因為他們在產品模式中扮演不同以往的角色。

　　有經驗的產品團隊通常有 1 名產品經理、1 名產品設計師、2 到 10 名工程師。平台團隊通常有 1 名相當技術性的產品經理和 4 到 20 名工程師，由於存在許多不同的考量因素，因此這些工程師的專業領域比較廣。切記，擁有少量的中大型團隊通常比擁有大量小型團隊要好。

應付設計師數量太少的情況

　　一個常見的問題是，評估後顯示你公司的產品設計師數量太少。在設法招募更多設計師的過渡時期，有幾種方法可以應付：

　　第一個選擇是對產品團隊的優先順序做分類，只把產品設計師指派給那些最迫切需要設計協助的產品團隊。第二個選擇是讓產品團隊雇用外包產品設計師，直到找到一位設計師取而代之。請注意，這些是自由接案設計師只雇用幾個月，非長久性質的團隊成員。第三個選擇是讓產品設計師同時服務多支產品團隊，但必須注意，在這種做法之下，設計師對每支團隊作出的貢獻就顯著減少。這些選擇沒有一個是理想的，也不是長久之計，但可以幫上幾個月的忙。

應付外包工程師的情況

　　轉型為產品模式絕對要使用自家的工程師，請非常認真地看待這點：就如同你不能把執行長職務外包，你也不能把重要的工程師職務外包。

　　話雖如此，招募足夠的內部工程師可能得花些時間。每一支產品團隊最重要的內部要角是技術領導，這職務應該立即處理。事實上，如果沒有技術領導，就沒有產品團隊。有了技術領導後，他能夠和其他工程師溝通與協調，縱使這些工程師當中有一些仍然是外包工程師。

　　不過，你將會發現，就算公司只有幾位工程師都勝過大量的外包工程師，所以培養工程師最後總會為公司節省成本，另外明顯的效益是改善創新水準。總之，公司組建足夠的工程師雖然得花些時間，但如果你的公司不認真看待這件事，等同於不認真看待轉型為產品模式這件事。

提高工程師的參與度

　　轉型為產品模式時，有時候因為工程師被當成傭兵太久了，以至於有些工程師非常安適於那種模式，說他們不想參與產品探索之類的活動。但是，你必須確保至少產品團隊的技術領導關心產品團隊要打造的內容。技術領導的職務說明中必須明確包含產品探索方面的職責。

　　一般來說，提高工程師參與度的最好方法是在造訪顧客時帶上他們，這麼做會對工程師的心態與思維產生很大的正面影響。

產品經理與業務線經理

在特定情況下，產品經理必須跟公司裡另一個聽起來相似的職務角色密切合作。舉例而言，假設你是線上銀行數位體驗的產品經理，但公司實際上有另一位銀行帳戶（儲蓄存款帳戶及活期存款帳戶）的產品經理。或者，假設你是電子商務體驗的產品經理，但公司有另一位是某類商品（例如：電子類產品）的品類經理（Category manager）。或者，假設你是媒體與新聞的數位體驗產品經理，但公司有另一位內容編輯。

在這類情況下，產品經理必須跟這些業務線經理建立特別牢靠的關係。好消息是，有很多的工作要做，合理地分工不難。一般來說，產品團隊的產品經理負責整個數位或全通路體驗，業務線經理負責內容或服務。

但是，有一件事是必須時時提防。有時候，業務線經理想跟以往一樣，繼續握有所有產品相關的實質決策權，他們想要產品經理扮演聽從指令的產品負責人角色，就像個商業分析師。這基本上就是放棄轉型為產品模式，回復利害關係人主導的路徑圖。

有時候，業務線經理之所以想這麼做，是因為產品團隊的產品經理根本沒有能力做分內事。在那些未認真看待新的產品管理職能的公司，這種情況太常見。如果是這樣，其實最合理的做法是考慮讓業務線經理擔任產品經理的角色，前提是他們願意且能夠接受這個角色所需要的高技能訓練指導。

新的人才招募實務

　　轉型為產品模式的好處之一是，你的公司將對你需要招募的那群人才更具吸引力。不過，除了新的職務說明，你還必須組織適任的面試官團隊，這些面試官必須知道要評估應徵者的哪些要點，也了解應徵者將如何評估你公司。

　　另外必須強調，如果你想成功招募你需要的適任人才，招募經理必須站出來承擔招募工作。人力資源部門可以提供一些幫助，但如果招募經理認為人力資源部門能夠為他做招募的工作，他將會失望地發現為何他們無法勝任這項工作。

評估與指導計畫

　　有了適任人才擔任相應職務後，你必須立刻評估每一個人在其職務上成功勝任所需具備的技能，以及辨識能力落差，為每一個人制定教練指導計畫。

入職訓練方案

　　轉型的一個重要部分包含教育，閱讀一本書或參加一場研討會是一碼事，共同參與學習所有方法與技巧，又是另一碼事。教育你的產品團隊及產品領導者的方法很多，其中備受喜愛、且可擴展的方法是制定一個產品模式入職訓練方案。理想上，產品團隊一起參加入職訓練方案，通常還包括在訓練時讓關鍵的利害關係人也共同參與。

第31章

轉型戰術：概念篇

建立了產品模式的新職能後，團隊成員已經開始準備在產品模式中實踐他們的技能了。

你必須認知到，產品策略和產品探索之類的技能總是可以改進，總是會有新的方法與工具出現，頂尖產品公司總是致力於改善，因此在採行轉型戰術時，你的目標不是追求完美或卓越，而是追求勝任，再透過持續的教練指導，幫助團員持續學習與發展。

附註一點，本章討論的許多方法在我們的前著《矽谷最夯・產品專案領導力全書》中有更詳盡的說明。

產品團隊

團隊契合度

縱使產品團隊的每一位成員都具有優秀的技能，整個產品團隊也未必能夠流暢地共事與合作，有時候存在個性衝突或其他問題。因此，產品領導者必須評估每支產品團隊的整體契合度，要不就是再教練指導，要不就是調動人員，使各個產品團隊能夠有效地共事與合作。

團隊經久性

許多使用先前模式的公司習慣根據需要在各產品團隊之間調動人員，尤其是工程師，但在產品模式中，雖說一定會有暫時性的人員調動，或是不再需要某個角色，但這種調動必須明智、審慎考量了意外後果之後才執行，尤其是必須考慮產品領導者為了建立必要的心理安全感及團隊契合度所作出的努力。

檢視團隊拓撲

團隊拓撲指的是所有產品團隊的結構，尤其是每支產品團隊負責什麼。你可以把團隊拓撲想成：你如何劃分這塊大餅？

有些公司沒有團隊拓撲，亦即該公司還沒有成立任何持久的產品團隊，這通常發生於仍然採用高度專案型模式的組織。在這種情況之下，轉型為產品模式的行動始於最基本的工作：轉變為持久的跨功能產品團隊。

不過，大多數組織在展開轉型行動就已經有某種團隊拓撲了。有時候，這團隊拓撲建立相當合理，此時處理課題主要是這些團隊如何運作及互動。但大多數時候，組織既有的團隊拓撲歷史久遠，有一長串嚴重的互依性，導致各團隊缺乏自主和所有權感，在很多案例中，團隊士氣低落是出於他們覺得自己像是一部巨大機器裡的小齒輪。

就算公司沒有這些症狀，你也必須認知到一點：團隊拓撲是更長期的產品願景和現行產品策略的一個函數。因此，如果公司還沒有產品願景，那就幾乎可以確定既有的團隊拓撲無法幫助公司達成研擬的產品願景。

改變團隊拓撲的破壞力很大，因此千萬不要隨便執行，也別經常這麼做。轉型行動展開之際通常是改變團隊拓撲的好時機。

要領在於，首先必須有產品願景（參見本章後文的「研擬產品願景」這一小節）。其次，必須由你的產品領導者和工程領導者一起規畫出新的團隊拓撲。我們強調這點並不是想展現團隊包容力，重點在於，適當的團隊拓撲基本上是工程與架構需求之間的平衡，必須同時滿足顧客和事業的目的。我們需要解決兩組目的，但最常見的問題之一是，只由產品組織或工程組織的其中一方規畫團隊拓撲。

合理的團隊拓撲有許多考量，但也切記，沒有一支團隊拓撲是完美的，因為團隊拓撲的規畫必須以一群互競的目的和折衷妥協為根據。

但是，你必須當心一種情況，許多準備轉型的公司有太多小型產品團隊。我們通常建議公司調整成少數幾支職責範疇較大的團隊，這會大幅地改善組織的效能，提高士氣，減少互依性，有更多的端到端責任，團隊的所有權感和授權感也會顯著提高。

處理團隊成員分布各地和遠距工作的情況

產品團隊成員的工作所在地當然有相當多的考量。

當團隊成員分布各地時，產品交付的工作仍然可以順利運作，但產品探索工作就大不相同了，因為產品探索仰賴產品經理、產品設計師和技術領導之間非常密切的通力合作，所以這些人聚在一起工作比較好辦。

也就是說，當你決定把誰配置到哪一支產品團隊時，如果能把這些要角聚集在同一地，就算是每週只有 2 到 3 天在同地工作，產品團

隊也能從中受益。

產品交付

　　產品交付涉及廣泛的活動則視現狀而定，需要投資的領域清單可能很長，包括：技術負債、實行 CI ／ CD 和開發與營運（Development and perations，簡稱 DevOps）、測試與發布自動化、監測、監控、A ／ B 測試基礎設施等。一般來說，這只需要一位精通這種工作模式的高級工程師加入產品團隊，並向其他團隊成員展示如何做執行可以解決了。

　　縱使產品團隊沒有一位精通產品模式的高級工程師，通常別支團隊有會。在這種情況下，你可以請那位工程師先指導所屬團隊，使其成為轉型典範，接下來這位工程師再花幾個月的時間去幫助其他團隊歷經此變革。你可以想像得到，這樣的工程師將快速成為組織關鍵人才。

　　很多的工作可能涉及架構、工具、基礎設施、測試與發布的自動化等，因此必須認知的一點是，不需要一舉同時推行所有變革。但是，這些基礎設施是產品營運模式的先決條件，不論是為了妥適地照顧顧客，抑或為了對結果當責，它們都不可或缺。

　　如果技術負債阻礙了產品交付工作，參見第 18 章的方塊文「管理技術負債」。

產品探索

　　許多功能團隊認為他們列出產品待辦清單（product backlog）的工作就是產品探索，其實這種想法有點道理，但由於功能團隊不處理價

值風險和可營利風險，也鮮少測試他們的產品構想，頂多就是偶爾做可用性測試。更正確地說，他們的工作應該被視為產品定義，而非產品探索。

但轉型為產品模式之後，要確保產品團隊知道他們必須處理所有的產品風險。這往往需要產品團隊作出很大的心態轉變，尤其是產品經理。事實上，有些新的產品經理拒絕伴隨為價值與可營利性當責而來的職責，這種情況並不少見。你必須再指導這些人，幫助他們改變。

促進顧客互動

許多尚未轉型的公司極少實際與他們的顧客互動，這是你必須矯正的首要事項之一。你可以考慮這個做法：告訴每一支有面對使用者、或面對顧客、或面對員工體驗的產品團隊，他們必須開始每週進行 3 次產品探索，每次 1 小時。請注意，不是只有「產品探索階段」才做，也不是有時間才做，這是產品經理和產品設計師日常工作的核心部分。

產品團隊可能需要一位使用者研究員的協調與協助，但他們必須建立每週對實際使用者進行訪談或測試其產品構想的節奏。對一些公司而言，光是清除持續測試的障礙或不這麼做的藉口，就已經建立一個重大里程碑，成為他們轉型行動中的一個重要轉折點。

本書第 10 篇（克服異議）會討論團隊成員試圖解釋這種頻繁互動難以做到的種種常見藉口，其實，這並不難做到，而且頻繁的顧客互動是持續創新不可或缺的要素。

探索衝刺

快速學習產品探索技巧的另一種有效方法是舉行為期 1 週的密集探索衝刺〔discovery sprint，又名「設計衝刺」（design sprint）〕，這種方法有助於在產品團隊內部建立信任；學習產品探索心態、原理與方法；在短時間內達成很多事。

同樣地，你可以主導這些衝刺活動，也可以讓發現教練來主導。

黑客日

為了促進工程師參與產品探索、加快打造原型，有一個很棒的方法是舉辦黑客日（hack days）。這種活動可以是有指定主題——所有人嘗試解決相同的問題，或是無指定主題——可以做任何與產品願景相關的主題。參見本章後文「產品文化」一節。

產品策略

制定產品策略時的投入要素是產品願景及公司目標，產品策略的結果是一組要解決的問題，這些問題被指派給各產品團隊，作為產品團隊的目標〔通常是以 OKRs 的形式〕。

由於產品願景和產品策略主要目的是與產品團隊及利害關係人共享，因此願景與策略必須使用夠清楚且易於分享的形式。

這裡要強調一點，許多要轉型為產品模式的公司可能還沒有產品願景或策略，但幾乎總是有某種形式的公司規畫週期，最終決定撥出經費與人員給哪些專案。如果公司領導者還不清楚這兩種方法的差別，應該先對他們說明：二者都是始於公司目標，二者最終都會決定工作

的優先順序，但二者的機制非常不同。

研擬產品願景

在絕大多數的轉型案例中，產品組織目前沒有產品願景，公司可能有一個名為「產品願景」的產出物，但通常只是一個簡單的使命聲明，這不符真正產品願景的目的。如果公司採行的是功能團隊模式，那就不太可能有統一的產品願景，因為功能團隊的存在主要是服務公司特定利害關係人的需求。

有可能（雖然這種可能性不高）一位或多位利害關係人有自己的產品願景，但更可能是，他們只是盡其所能地運營自己的事業。因此，轉型行動通常促使組織首次研擬產品願景。研擬具說服力、動人的產品願景有很多好處。好消息是，你為研擬優異的產品願景作出的努力，卻能造福整體組織很多年（通常是 3 到 10 年）。

產品願景也是經驗豐富的產品領導教練可以幫上大忙的一環，有顧問公司專門幫助組織研擬產品願景。

制定產品策略

大多數公司開始轉型時沒有擬定產品願景，同理，他們也鮮少有產品策略。更重要的是，他們通常沒有能力去制定洞察導向的產品策略。因此，產品領導者通常必須建立機制來作出有關於聚焦及從資料、顧客互動、產業及賦能技術中汲取洞察的困難決策。

這往往是產品領導者最先被要求執行的工作，這些領導者在產品策略中作出的建議品質將受到評價，因此從未做過這類工作的產品領

導者往往會聘用一位產品領導教練提供協助。

資產組合管理

推動轉型時，很常見的一個問題是，公司有大量既有的老系統，卻沒有足夠的人員去妥善維護。在這種情況下，我們建議作一個資產組合總檢，盤點所有各式各樣的系統及元件，將其區分成以下三種狀態：

第一種狀態是日落（sunset），亦即你應該停止再繼續支援的系統。你可能需要作某種分析以了解此系統實際使用程度，你可能也需要估算繼續維護此系統的成本，但停止運作日落系統將減少持續維護的成本負荷，也減少需要平移至其他平台的系統數量。

其次，許多系統可能重要且必須繼續運行，但在維持運行之外，不值得繼續對其投資，我們稱此狀態為維持（sustaining）。盡可能維持愈多的系統，以騰出多數（但非全部）原本運行這些系統的人員轉往重要的投資領域工作。

最後，第三類是投資（invest），這些是未來下重注的系統，你應該對這些系統給予充分的人員配置。

總檢資產組合通常令人苦不堪言，但如果你希望對投資領域合理地配置人員，你就必須這麼做。

分配經費給產品團隊

如果你從專案型模式轉型為產品模式，你的組織很可能習慣於分配經費給專案，現在你必須改變成分配經費給產品團隊。我們在第 24

章（與財務部門合作）說明了這些變革，但有一個相當簡單的方法可以在不破壞財務部門的運作之下進行必要的改變。

在舊的專案型模式中，你先對一項專案提出成本效益分析等論證，財務部門或高階主管團隊再決定是否撥出經費給專案。

轉型為產品模式時，基本上你可以繼續相同的經費模式，但不再是對專案提出成本效益等論證，從說明多少個月交付什麼產出，改為說明產品團隊將以多少季的時間交付什麼結果。財務部門通常會偏好這種模式，因為產品團隊被要求聚焦在達成事業結果，從財務部門的觀點看來，這遠比交付一項功能更有意義與價值。

實行團隊目標

優異的產品策略得出一組優先要解決的問題，有時這被形容為下一組賭注。接下來，你必須把這些問題指派給合適的產品團隊。

大多數公司在分派這些問題給產品團隊時會使用 OKR，因為 OKR 就是為此而生的管理方法。如果你從未使用過這種管理方法，或者你嘗試在功能團隊的背景下應用它卻失敗，那麼你可能需要一點幫助。

產品領導教練能幫助你實行團隊目標，或者你也可以雇用專業的 OKR 教練。使用 ORK 教練的重點是，這位教練必須有在產品模式中制定與實行團隊目標的豐富經驗。許多 OKR 的實行聚焦於銷售和行銷組織，那些情況有非常不同的考量。

產品願景或策略衝刺

產品願景衝刺（product vision sprints）及／或產品策略衝刺

（product strategy sprints）是產品領導者為了研擬產品願景及（或）產品策略而進行為期 1 週的密集工作。其做法是召集一群與產品有關的人，事前做好準備工作，這群人以很密集的外場會議風格，通力合作完成原本可能得花更長時間才能完成的工作。

你可以雇用一位經驗豐富的產品教練或一家專業顧問公司來輔導這類衝刺。

產品文化

產品文化視組織評估的結果而定，文化課題通常最主觀、變革速度最慢。嘴巴上說出正確的話並不難，但人們觀察的是領導者的行為，尤其是在壓力之下如何表現。這過程的關鍵在於，意識到轉型過程中將犯錯、將遭遇挫折，但如果你能一致地展示文化變革的明確案例，歷經時日，人們會相信你是來真的。

這一點跟第 33 章討論的轉型福音傳播有關。有許多方法有助於建立產品模式仰賴的文化實務與規範，下文討論我們特別喜愛的方法。

黑客日

讓你的工程師及產品團隊不僅打造解決方案，也嘗試對要解決的問題提出創新的解決方案，這是最重要的文化變革之一。黑客日的形式很多：有指定主題及無指定主題；每月舉行或每季舉行；以資料為中心；自行組隊或以產品團隊為單位等，但主要目標是啟動，並根據反應來作出調整與演進。

顧客互動

過去一季，你的組織參與了多少次顧客互動？這數量比上一季多嗎？如果否，為什麼？

從這些顧客互動中你獲得了什麼重要的洞察？

你的組織在繼續增加顧客的相關知識和分享所學方面做得如何？

這些顧客知識有多少分享給產品團隊？有多少分享給工程師？

創新盤點

過去一季，有多少點子付諸測試？這數目比上一季顯著增加嗎？如果否，為什麼？

在這創新中，新的賦能技術扮演什麼角色？

在這創新中，資料洞察扮演什麼角色？

請注意，這些有關於點子和測試指標可能提供有益的資訊，顯示哪些方面可能需要更多的指導，但別把它們和事業結果混淆在一起。

文化檢討

檢討的形式很多，有一種不錯的做法是，至少每季讓組織裡最優秀的產品、設計與工程領導者齊聚一堂，討論他們認為組織在過去一季的工作表現如何，他們認為下一季應該側重什麼。他們通常會檢視諸如以下的主題：

- 流程 vs. 原理的理解程度。
- 仍然是由上而下指揮與控管的程度有多高？賦權給產品團隊的程度有多高？

- 在產品探索階段進行實驗的程度 vs. 產品交付之後失敗的程度。

- 探索構想／點子的創新程度，以及工程師對此創新的貢獻度。

- 產品團隊成員對策略脈絡背景及產品模式的了解程度。

- 產品團隊跟利害關係人及高階主管之間的信任程度。

- 組織交付其高誠信承諾的能力。

第<big>32</big>章

轉型戰術：採用篇

本章討論轉變工作模式的另一個層面：採用。不論什麼方法，有時候你必須有意圖地思考該如何在組織中推行這些方法。這裡必須指出，本章介紹的採用轉型戰術並不互斥，事實上，根據你的處境混合使用是很常見的情況。

有種種因素可能影響你選擇的採用戰術：

- 特定新功能的相對重要程度
- 能參與的特定人員
- 產品教練或經驗豐富的產品領導者的可得性
- 轉型的時間窗口
- 事業目前的需求
- 既有承諾的數目
- 對其他團隊或系統的依賴程度
- 進行中的架構變革
- 無數其他的可能因素

先導試驗團隊

　　最基本的方法是先從一支或多支特定產品團隊或事業單位的一個子集做起，目標是歷經時日推廣到整個組織。這方法被稱為先導試驗團隊（pilot teams）或先導試驗組織。有些公司試圖一舉做完所有事情，這通常發生在那些對轉型有強烈急迫感的公司。這麼做也可以，但這幾乎可以肯定將附帶損害。

　　產品界有一個重要概念非常適用於轉型：重要的問題是人們能多快地採納變革。有些人喜愛變革（這些是所謂的早期採納者），多數人不喜歡變革，但在糾結的問題解決以後，他們就願意接受變革（這些是早期與後來多數者）。還有一群人，不論如何就是討厭變革（這些是遲鈍、落後者）。

　　在產品工作中這是一個重要概念，因為當你部署產品修改時，不是所有人都能以相同的速度消化這些改變。同理可證，這概念也在轉型過程中發揮關鍵作用，因為組織是由人所構成，你即將對這些人作出顛覆、破壞性的大改變。

　　如果你一舉對整個組織推行所有變革，有些人可以接受，但大多數人就不高興了。不論什麼變革都是如此。而且，縱使是那些呼籲、懇求推動變革的人也會展現這種行為，他們可能真的希望改變，但他們想要以他們能消化的方式與速度來推行變革。

　　一個有效的轉型策略是使用先導試驗團隊來幫助組織吸收變革。先導試驗團隊（及其關的產品領導者和利害關係人）是志願擔任這些變革的先鋒團隊，他們想率先嘗試這種新的工作模式。他們了解自己

會遭遇問題，而且必須設法克服障礙。

我們必須盡一切所能地幫助先導試驗團隊取得成功。例如：我們不想要先導試驗團隊缺乏勝任、具備必要技能的人去擔任每一個產品模式職能。同樣地，如果產品團隊的關鍵利害關係人不急於促使變革成功，我們就不能讓他們成為先導試驗團隊。

使用先導試驗團隊的主要好處是，組織的其他單位不必應付所有變革，尤其是仍然存在必須解決的糾結問題時。組織的其他單位可以在一旁觀看，也有時間去習慣這些變革概念。

大型組織——由多個事業單位組成的企業——通常對旗下事業單位採行相同的做法。由一個事業單位志願當先鋒嘗試變革，如果順利且奏效的話，再推廣至其他事業單位。如果不順利的話，測試與迭代僅限於這個事業單位直到奏效為止。

一般來說，採用先導試驗團隊時，最好挑選成員數量較少的產品團隊，如此一來才能進行深度合作，挑選成員數量較多的團隊可能導致合作只流於表面。

產品模式的各個層面

在大公司，產品組織的不同部分往往有不同的優先要務。在這種情況下，一個有用的做法是考慮產品模式的三個不同層面：

- 改變打造模式；
- 改變解決問題的方式；
- 改變決定解決哪些問題的方式。

當你在平衡不同的優先要務時，第二種很常見的轉型策略是讓各

個分組或團隊部署產品模式的一個子集。定義各子集的方式很多，其中一個特別有效的方式是根據三個不同層面來定義子集：

- 一個小組只聚焦於改變打造模式（產品交付）；
- 另一個小組聚焦於改變解決問題的方式（產品探索）；
- 第三個小組聚焦於改變決定解決哪些問題的方式（產品策略）。

這種方法讓每一個小組聚焦於相關的產品模式概念。

改變打造模式的方式通常跟另外二者——改變解決問題的方式和改變決定解決哪些問題的方式——關連性不大，但後面這兩個層面就有關連性。產品策略產生要解決的問題，然後你使用產品探索來解決這些問題。但是，如果你想先處理改變解決問題的方式，然後再處理如何決定解決哪些問題，怎麼辦呢？

在這種情況下，任何組織都可以使用一種方法來把常見的產品路徑圖轉化成要解決的問題，以及期望的結果，這種路徑圖稱為「結果導向路徑圖」（outcome-based roadmaps，參見第 8 章），當公司在轉型為產品模式的過程中先處理改變解決問題方式時，經常使用它作為過渡工具。

由上而下和由下而上

你大概已經注意到，許多變革推行於產品團隊，其他變革則推行於產品領導者身上。有一種好方法可以直覺地區分變革工作：一位產品教練或領導者聚焦於發展產品團隊的技能（由下而上），另一位產品教練或領導者聚焦於發展產品領導者的技能和策略脈絡背景（由上而下）。

指導利害關係人

在一些公司，重大的驅動因子是產品團隊和利害關係人之間的互動，每一方都需要被指導如何有效地和另一方互動。你可以有一位產品教練或產品領導者聚焦於產品團隊，另一位產品教練或產品領導者聚焦於利害關係人。

你應該找那些熱中嘗試產品模式、且在組織中有高信譽的利害關係人，他們將成為轉型的支持暨提倡者。產品團隊跟利益相關者密切合作，或利害關係人跟團隊合為一體，共同工作以測試這些變革。

這裡的重點在於有效地通力合作，產品團隊和利害關係人更了解彼此及各方能夠作出什麼貢獻，並讓這種合作模式成為全組織的榜樣。

為此，一個有用的做法是，挑選能夠使用一個隱含需要相互讓步的有效解決方案來解決所有各方需求的工作。

利害關係人簡報說明

跟指導利害關係人相關的方法是，專門針對感興趣的利害關係人單獨舉行一場有關於產品模式的簡報說明，更深入地解釋共同目標及疑惑，讓利害關係人有一個安全的場合可以提出他們的疑慮、討論困難的主題。

管理既有承諾

在大多數組織，轉型並非無「債」一身輕地出發，很可能仍然有一些必須實踐的既有承諾。

當然，你希望產品領導者審慎、有創意地檢視既有承諾，並盡可能地縮減這份清單，如果有其他方法可以滿足顧客，就訴諸這些方法。但是，最後可能仍然存在一些有待實踐的承諾。在這種情況下，有幾種選擇。

最普遍採行的方法是指定產品團隊中的一個子集先去完成這些既有承諾，之後才開始轉型。這種做法的不利之處在於，在幾個月內，你的組織可能有一大子集以一種模式運作（專案型模式），其餘則以另一種模式運作（產品模式）。如果既有承諾無法很快地交付，這種分裂情況可能打擊團隊士氣。

另一種做法是，每支產品團隊都分派一些先前存在的承諾，同時也執行新的產品工作。這種做法的好處是讓各子集團隊感受公平，壞處是很難同時運作兩種模式，而且很可能既延遲那些既有承諾的交付，又延遲所有人步入新模式的日期。

請注意，別把這些既有承諾跟那些為了維持運營而必須持續做的工作混為一談，轉型前和轉型後，每支團隊都有那些為了維持運營而必須持續做的工作。

第33章

轉型福音傳播

做完轉型之前的組織評估，並且了解轉型為產品模式時可以使用的種種方法後，我們鼓勵公司研擬一份轉型計畫。我們希望你能把這份計畫寫出來，並且有實踐計畫的指定負責人。

轉型計畫

轉型計畫代表大量的工作，在這麼多工作之下，你必須指派每項工作的職責歸屬。由多人共同完成一項任務或整個工作沒什麼錯，但在大多數的公司文化中，沒有責任歸屬難以達成結果。

現在，你有一份組織轉型計畫要執行。轉型行動將持續相當長期間，通常介於 6 個月至 2 年，組織很容易失去焦點或興趣，你必須努力避免發生這種情況。

任務所有權

跟大多數困難的工作一樣，要領是載明特定轉型工作負責與當責的人。同樣地，必須載明一位對整份轉型計畫負責的高階產品領導者，

包括：追蹤、報告轉型進展。

請別誤以為一個承諾就足以推動任何大型且困難的計畫，務必載明負責人，賦權給他們並要求他們為結果當責。

持續傳播福音

轉型為產品模式需要持續地傳播福音。產品領導者必須經常地、持續地投入時間於產品團隊、其他產品領導者、利害關係人、高階主管，尤其是那些有異議或抗拒的人員，提醒他們有關於產品模式、策略脈絡背景（尤其是產品願景和產品策略）及進展領域。

「快速致勝」的重要性

無疑地，轉型是長時間的賽局，因此「快速致勝」（quick wins）的激勵做法對組織很有幫助，以下是一些值得傳播福音與頌揚的里程碑例子：

- 原本每月發布 1 次的團隊做到了持續每 2 週發布 1 次。
- 團隊創紀錄為一個重要顧客辨識、修正、測試及部署一個重要解決方案。
- 在流程的早期階段，團隊根據他們從一次不昂貴的實驗中學到的洞察，決定扼殺一個受歡迎的產品構想。
- 從未造訪過顧客的團隊已經開始這麼做了，並且分享所得經驗與洞察。
- 團隊在產品探索工作中發掘重要洞察（正面或負面的洞察）。
- 過去被數十項互競的優先要務搞得困惑且疲於應付的團隊，現

在被明確地指派一個需要解決的問題，以及成功的評量指標。

- 團隊為一個棘手問題找到了創新的解決方案。
- 團隊達成重要的事業結果。
- 研擬出一個新的、動人的產品願景，並在組織內分享。
- 第一個洞察導向產品策略出爐且被分享。
- 甚受尊崇的利害關係人分享和產品團隊通力合作的好體驗。

每當達成這些里程碑時，應該立刻通知轉型計畫負責人，並且把這些成績加到每月最新訊息裡。

持續大力宣傳

持續大力宣傳轉型進展是維持轉型動能的要領。務必以至少每月一次的頻率，向組織、領導者及利害關係人展示進展。當然，為此你必須確保有實質進展可供報告。

持續大力宣傳的重要性，再怎麼強調都不為過。只要有一個產品團隊獲致好結果，就必須確保所有產品團隊都知曉。一路上持續宣傳成就，向其他團隊展示各種可能性。

深入閱讀｜轉型倒退

成功轉型為產品模式有難度，有些已經成功做到、且享受可觀財務報酬的公司並非總能持續抓住現有的進展與成就。導致轉型倒退的原因很多，以下是一些例子。

執行長或重要的產品領導者離去

沒有萬年的執行長，當執行長離開公司時，董事會當然必須挑選一位新執行長，但在太多的案例中，這些董事會似乎完全忘了轉型之前的公司處境，他們找來的新執行長完全不懂如何營運一家產品公司，僅僅幾個月就摧毀了辛苦幾年才獲得的結果。

或者，一位重要的產品領導者離開公司，糟糕的是，新產品模式的信譽跟此人連結在一起，而非新模式本身。新產品領導者上任之後，由於沒有承繼這份信譽，轉型就可能發生倒退的情況。一般來說，等到產品組織發現倒退情況時，損害已經造成。

這顯示為什麼以必須讓你的董事會充分知悉產品模式轉型工作，務必讓董事們知道，公司的財務收穫是轉型帶來的直接結果。

在整個公司推廣

首批事業單位成功轉型後，公司可能決定讓其他的事業單位也轉型為產品模式。但是，每一次的轉型都相當困難，有時候隨著時間一久，領導轉型的人開始敷衍了事，整個產品模式的效能就會減弱。

切記，在每一個事業單位推動轉型時都必須做一次全新的評估，各事業單位之間雖有相似性，但了解差異性很重要。此外，每一個事業單位對於轉型的積極程度可能不同，通常最有積極的是第一個推動轉型的事業單位，這也是它之所以率先轉型的原因。無論如何，切記事業單位領導者扮演重要角色。

專案管理辦公室復辟

縱使在那些已經轉型為產品模式、且收穫甚大的組織，往往仍有高階主管懷念指揮與控管的年代，如果一位這樣的主管獲得晉升，很多時候他晉升之後做的第一件事，就是恢復舊風格的專案管理辦公室，舊文化漸漸地、但堅定地死灰復燃。

亞馬遜非常努力地確保組織持續表現得如同「Day 1」公司，竭力避免變成「Day 2」公司，害怕的就是這種情況。

商業環境變化

在充滿挑戰的商業環境中，有些領導者可能想抓回方向盤。或者，相反的情況：如果一個攸關生死的商業事件促使公司成功轉型，一旦那威脅消失了，事業穩定了，領導者可能就想讓一切回到掌控之下。

新冠疫情期間，有些公司展現他們有能力、也確實達成優異結果，但後來沒有了危機感，公司很難阻止員工回復舊行為。

這可能必須靠執行長或事業單位領導者設法促使所有員工繼續聚焦於產品模式的原理，別倒退回到以往的安適窩。

第34章

轉型輔助

　　馬提評註：：我們知道本章內容可能有營私之嫌，因為我們在SVPG基本上也是產品教練但我們公司其實人不多，就算你的公司想委託我們提供服務，可能也人手不足，幫不上忙。我們通常會向這些公司推薦我們認識、值得信賴的產品教練，而且這類推薦我們不收費，也不會從推薦的任何一位產品教練那裡收取佣金。我們只想要你信任，我們向你推薦的產品教練都是經驗豐富的專業人士。

　　一家從未以產品模式運營的公司如何知道新模式奏效了呢？

　　你必須意識到最重要的一點是，公司的經營仰賴打造出顧客想購買的產品，而你的產品是產品領導者和產品團隊打造出來，所以**為了轉型，你的產品領導者和產品團隊成員必須學習新的工作模式**。雖然，接受訓練和閱讀書籍有所幫助（前提是訓練師和書籍作者很懂這些內容），但這絕對不夠。

　　本章我們討論不同的輔助方法，也將介紹幾位優秀的產品教練，透過他們的個人素描，你會知道自己應該找怎樣的人來提供輔助轉型。

在最頂尖產品公司，產品經理、產品設計師及工程師從他們的經理那裡學到工作技巧。

經理人是教練

傳奇教練比爾‧坎貝爾說過一句名言：

「教練指導不再是一門專業專長；你如果不能當個優秀的教練，你就無法成為優秀的經理人。」

正因此，那些採用產品模式的頂尖公司裡，優秀經理人最重要的特質是：他們被認可為優秀教練。但是，如果你的經理人從未以這種模式工作過怎麼辦？

一個解決方案是招募在這種模式下工作過的高階產品領導者（尤其是負責產品管理、產品設計及工程工作的領導者），他們可以以身作則。這種方法很有效，是成功邁向轉型最常見的途徑之一。（截至目前為止，你在書中讀到的兩個成功轉型故事也是採用這種做法。）

不過，這通常不夠，原因有兩個：第一、在許多案例中，公司有不少高階領導者從未以這種模式工作過；第二、縱使公司的高階領導者有採用這種模式的經驗，他們可能也沒有時間去領導組織轉型、去指導所有需要指導的人。

在這種情況下，雇用一位外部產品教練可能是左右成敗的關鍵。

內部產品教練

規模較大的公司招募一位或多位產品教練或許是合理的做法。一般來說，產品教練是暫時性的角色，他們幫助特定的產品團隊或多支

產品團隊，或是在整個轉型期間擔任教練指導的角色。不過，有些公司可能會長期聘雇一位或多位產品教練人員。

為了不斷提供教練指導，最佳方法是讓能夠有效指導個人貢獻者的產品經理、產品設計師及工程師擔任這些管理職務。除此之外，另一個值得考慮的做法是由一位或多位專業人員分享他們的最佳工作實務，以及協助新團隊成員的訓練及入職。

但要注意的是，只能讓技能純熟的專業人士擔任此職務。這應該是再明顯不過的道理，但有太多公司讓未具備必要技能的人擔任內部教練，結果是把糟糕的實務制度化。

外部產品教練

教練的種類很多，但在轉型為產品模式方面，你應該認識這四種教練：

產品交付教練

如果你的公司還不能做到頻繁（頻率不低於每 2 週發布 1 次）、小規模、可靠且解耦的發布，那就需要投入相當大的努力了。產品交付教練是經驗豐富的工程專業人士，幫助產品團隊致力於把測試與發布的自動化、監測、監控與報告及部署基礎設施等方面提升至所需水準。

在特定情況下，有實際工作經驗的敏捷教練可以擔任交付教練的角色。只不過，聚焦於交付流程（例如：Scrum、Kanban）的敏捷教練在這方面其實幫不上太多忙。

產品探索教練

　　產品指導的基礎主要著重在產品探索方面，這類教練會指導產品團隊有關於產品探索的方法與技巧。產品探索方面的指導機會多於其他領域，因為有太多產品團隊都在尋求這方面的指導要求。從功能團隊轉變為被賦權產品團隊，主要得學習如何找出一個值得打造的解決方案，這就是產品探索要做的事。

　　我們認識成功、優秀的產品探索教練全都是產品經理、產品設計師或技術領導出身，學過有效的產品探索必須具備的技能與方法，他們熱愛與他人分享相關知識。

產品領導教練

　　你可以從前文討論產品模式職能及產品模式概念的內容看出，產品領導是相當困難的工作，尤其是在試圖轉型為產品模式的過程中。產品領導涉及關鍵主題，例如：產品願景、團隊拓撲、產品策略、團隊目標，當然還有發展自身在人員配置與教練方面的技能。

　　許多人的職涯屬於「戰場晉升」（battlefield promotions），尤其是在快速成長中的公司，現在他們的工作轉向領導產品、設計或工程，所以他們知道自己需要協助。我們認識成功、優秀的產品領導教練全都是產品主管、設計主管或技術主管出身，他們懂得如何處理這些重大主題，願意與他人分享所學。

轉型教練

轉型教練幫助指導高階領導團隊歷經產品模式轉型時必要的心態與文化變革。轉型教練通常直接與公司的高階領導者共事。高階領導者知道他們必須改變產品與工程作業，而他們也知道，更難改變的是他們的經費分配（財務部門）、人員配置（人力資源部門）、銷售與行銷（銷售與行銷部門）等方面的運作方式。

轉型教練工作特別棘手的原因在於，大多數執行長根本不會安心地把公司的未來託付給一位從未在大型、複雜的公司擔任過高階領導者的產品教練，因為公司需要一位面對公司財務長時不落居下風的人，而且這個人必須能夠向銷售主管解釋為什麼必須變革，同時這個人也要直接和工程師、設計師及產品經理互動。

在我們所知的每一個成功轉型案例中，都有一位知道需要什麼、跟公司執行長建立信任關係的轉型教練。

尋找產品教練

不論如何，你需要有人能夠指導那些嘗試學習新工作模式的人。轉型失敗最常見的原因之一，是招募或雇用了不適任的人來執行教練工作。公司知道他們需要協助，但由於不了解新工作模式，因而不善於判斷招募或雇用來幫助他們的人是否適任。

這問題聽起來很好理解，但還是要強調，你必須確保擁有真正能夠幫助員工學習必要技能的產品教練。但是，大多數試圖向你推銷教練服務的人實際上並沒有這方面的經驗。

說白了，交付教練必須具備幫助產品團隊把測試與發布的自動化做到 CI／CD 水準的堅實經驗；產品探索教練必須有曾在產品公司擔

任產品經理或產品設計師而有產品探索的堅實經驗；產品領導教練必須有曾在產品公司擔任制定產品願景、產品策略、團隊拓撲及團隊目標等領導角色的經驗；轉型教練必須有領導過一家公司成功轉型為產品模式的經驗。

我們為何要強調這點呢？

因為有太多的產品教練並非產品公司出身，只待過特定的軟體流程或管理顧問公司。再者，這項工作太重要了，不能只停留於理論層次。因此，我們想向你介紹我們熟識的 7 位產品教練。這裡必須再次強調，我們跟這些產品教練沒有任何財務關係，但我們經常推薦他們及跟他們一樣優秀的產品教練，因為我們相信他們具備幫助公司成功轉型的知識與技能。

產品教練：嘉柏麗・布夫瑞姆（Gabrielle Bufrem）

邁向產品之路

嘉柏麗・布夫瑞姆是名符其實的世界公民，他生長於巴西，之後赴美接受教育，會流利地說四種語言。他在歐洲、北美洲、南美洲及亞洲的十個國家生活與工作過，並在主要九大產業界打造產品。

嘉柏麗在谷歌公司當實習生時愛上產品模式，他的實習領域是行銷，但他提出太多與產品相關的疑問，以至於他的經理覺得他是個天生的產品經理，建議他應該探索這個角色。嘉柏麗立刻接受這項提議，

並且調整自己在布朗大學的剩餘課程，選修了電腦科學和設計課程。

畢業後，嘉柏麗進入英孚教育機構（Education First）的波士頓分處任職，之後轉往瑞士總部，成為該機構的第一位產品經理。後來他進入敏捷軟體開發顧問公司 Pivotal Labs，首先擔任產品經理，後來成為產品領導者，大部分的工作時間在矽谷，也曾在 Pivotal Labs 的巴黎和新加坡辦公室工作。

隨著在 Pivital Labs 產品領導的職涯階梯快速晉升，嘉柏麗愈來愈聚焦於自己對團隊的教練職責，建立了優異的產品領導者聲譽——知道如何發展優秀的產品人才，並且願意投入時間及心力在培育工作上。

離開 Pivotal Labs 後，嘉柏麗進入心理健康領域的使命型新創公司 Little Otter Health，擔任該公司的首位產品與設計主管，為該公司建立一支現代產品團隊，並且大幅改善其產品供應方式。

教練履歷

在 Pivotal Labs 及 Little Otter 任職期間，嘉柏麗發現自己非常喜歡幫助他人，他開始教授產品管理，在產業研討會上演講，也非正式地指導直屬部下以外的人。他有優異的導師和經理協助他形塑產品觀點，以及職涯可能性。

嘉柏麗很快就認知到，在以往擔任過的角色中，他最喜歡、也做得最好的是指導及培養領導產品組織的人。這個認知促使他轉職成為求職產品教練。

嘉柏麗的專長是指導與培養產品領導者，他特別善於快速建立堅實的個人關係和信任感。信任使嘉柏麗能夠提供坦率、誠實和批判性

地給予回饋，幫助人們真正突破以往的限制，充分發揮潛力。

　　嘉柏麗以親切與嚴格聞名，他之所以能夠坦率，是因為接受他指導的人知道他是真心誠意且渴望幫助他人成功。這些特質主要源於他的性格和人生體驗。人們可以很容易地與其相處，也看出他了解產品又了解人，真心想幫助自己達成目標。

產品教練：荷普‧葛里昂

邁向產品之路

　　荷普‧葛里昂在網際網路問世的早年開始從事產品工作，當時他幫助創建許多早期流行的消費者服務，包括：線上購物、不動產、工作與職業服務。

　　荷普有廣泛的商業知識，包括：商業發展、銷售、行銷、廣告、財務等，再加上他熱中創造顧客喜愛的產品與服務，使她走上了一條行之有效的產品之路。最終，他開始在求職招聘網站凱業必達（CareerBuilder）和健康和保健平台 Beachbody 在內的著名品牌建立及領導產品組織，打造善於為顧客解決問題、同時又能滿足事業需求的優秀產品團隊。對這些公司來說，建立產品組織意味著改變利害關係人導向的功能團隊，並且使組織轉型為產品模式。

　　相關經歷累積多年之後，荷普認知到他具有不尋常且寶貴的經驗，這些經驗對於那些肩負責任、但過去從未從事這類工作模式的產品領導者尤其重要。

與此同時，荷普目睹許多公司不懂得如何招募或吸引有經驗、擅長產品模式的產品領導者，這些公司往往最終從一個相鄰職能的部門（例如：工程、設計、行銷或事業策略）找來一位高潛力的領導者擔任產品領導角色，但沒有建立任何幫助這位領導者勝任的輔導機制。

教練履歷

荷普在 2018 年決定成為一名全職的產品領導教練，他也建立《無畏產品領導》（*Fearless Product Leadership*）播客，幫助世界各地有抱負的產品領導者學習如何成為優秀的產品領導者。

除了指導產品領導者，荷普也和《持續探索的習慣》（*Continuous Discovery Habits*）一書作者泰莉莎·托瑞斯（Teresa Torres）合作，指導產品團隊持續產品探索的工作。

荷普的職涯主軸之一是在事業與產品的交集處幫助他人發展職涯，尤其是對於幫助領導者及團隊了解事業動力、及其產品工作如何驅動事業結果感興趣。荷普說：「領導產品團隊時，最令我興奮的莫過於看到團隊達成目標。現在，身為產品領導者教練，目睹他們的轉型變化令我興奮。當他們抓住了一個頑固的核心挑戰時，便會激發他們的信心與明確感，促使他們無畏地迎向挑戰。」

產品教練：瑪格麗特・賀倫朵納（Margaret Hollendoner）

邁向產品之路

瑪格麗特・賀倫朵納多年來一直試圖將他對解決問題和學習的熱愛，跟團隊、人員和溝通等方面的優勢結合起來，意外地發現產品管理這個領域。

從史丹佛大學機械工程系畢業後，瑪格麗特進入一家控制公司擔任應用工程師，選擇這份工作的原因是他想直接面對顧客，他喜愛在現場與顧客互動，尤其是教導作業員如何使用機器與診斷問題。

起初，瑪格麗特想攻讀熱力學博士學位，但當他得知這領域需要投入很多時間獨自研究時，他離開史丹佛大學，另覓一個有更多機會面對他人、跟他人共事的工作。他決定應徵谷歌公司，他的面試官觀察到他的技能與幹勁來源，指引他進入產品管理領域。（瑪格麗特終身感謝這位面試官。）

接下來的十八年，瑪格麗特在谷歌內部學習產品管理，他很快就認知到「跨街」的重要性——往返於工程部大樓和直面顧客的產品部大樓之間，以確保產品策略和產品探索能貼近使用者的需求。沒過多久，瑪格麗特就開始管理那些負責交付整個產品線的產品經理團隊。

任職谷歌的近二十年間，他有機會做種種產品的工作，跟各類型的團隊共事，從消費性產品到 B2B 產品，跨及保健、影片、商務、廣告等領域。他領導過上百名設計師、工程師、行銷人員等組織，並管

理產品經理團隊，指導他們做產品探索、開發、迭代及上市，得出成功產品諸如：AdSense（廣告聯播網服務）、YouTube Video Management（YouTube 參與度指標）、Google Fit（運動追蹤應用程式）。

　　瑪格麗特也做了很多從未問市的產品探索工作，例如：實體店、數位地面電視測量、藥物管理等，為了建立與領導有幹勁、動作快速、高效團隊，他學會頌揚成功與失敗，在企業文化中滋育二者。

教練履歷

　　瑪格麗特在谷歌的職涯始於山景市（Mountain View）的公司總部，待了幾年後他返回出生地英格蘭，在谷歌倫敦辦公室當了十五年的產品與技術領導者。這職務涉及建立與指導創新和多樣化團隊，通常是從零做起，使這些團隊能夠成功地打造與執行技術驅動型產品。

　　那段期間，瑪格麗特真正開始把他的興趣聚焦在指導與培養他人，他招募、培養、指導及輔導各種技術部門，包括：產品、工程、設計與研究。他為女性產品經理、倫敦產品經理、產品經理的經理人建立同儕師徒社群，他是谷歌技術學徒制（Google's tech apprenticeship program）的創始成員，他發展及提供了自帶午餐討論會訓練，支援個人從特定角色轉變為產品管理角色。

　　瑪格麗特熱愛激勵及培訓他人去做了不起的事，也熱中親自研擬產品願景與策略，他發現自己的這兩份熱情很適配，二者結合起來非常適合做訓練與培養產品人員的工作。他也參與組織發展層面的工作，曾暫時被指派到人力資源團隊六個月，幫助谷歌改善與發展跨功能技術團隊的通力合作方式。

在谷歌的工作之外，他開始指導與輔導科技業的新創公司和個人，這最終促使他動心起念，想成為全職的產品教練。這也促使他開始聚焦於自己最喜愛的產品領導角色：跟個人及組織共事，支援他們研擬產品願景與產品策略，團結利害關係人，發展出最高效的跨功能產品團隊。

身為產品教練，各家公司和產業中遇到人們展現的熱情與奉獻精神令瑪格麗特感動，他們對使命—— 不論是解決女性的健康危機，抑或是銷售零組件給工廠——的投入程度也深切地激勵他。正是這些人激勵他繼續從事教練工作，這也是一個獨特的機會，讓他能夠跟各產業的領導者共同發展成功的跨功能產品團隊，促使他們透過技術產生最大影響力。

產品教練：史黛西・藍格（Stacey Langer）

邁向產品之路

史黛西・藍格的職涯始於為電子產品零售商百思買公司（Best Buy）服務，當時該公司正開始從實體店零售業務擴展到線上零售業務。史黛西的資歷伴隨著這家公司一起成長，他漸漸地承擔更多職責，當百思買引進許多產品角色時，他有機會親身學習。

在百思買工作的二十年間，史黛西從事製作內容、產品設計、產品管理、測試與優化等工作，先是個人貢獻者，後來擔任產品經理與

產品總監，最終成為該公司的產品資深副總。這一路走來，他近距離目睹許多的挑戰，親身學到何以外包、瀑布式技術模式無法應付顧客或事業的需求。

歷經時日，百思買研判光有電子商務網站還不夠，公司必須轉型為產品模式，才能在各種通路中更好地滿足顧客的需求。史黛西是被要求領導轉型工作的最早一批經理人，他必須應付的挑戰是從外包 IT 模式轉型為自建產品團隊，他必須配置與指導所有重要的產品模式職能，包括：產品管理、產品設計、及工程。

在那麼多電子零售商步入歷史的同時，百思買仍然蓬勃發展，由此可見該公司調適變革、並繼續為具備顧客提供好價值的能力。

在成功指導一家大型零售公司歷經轉型挑戰後，史黛西決定幫助美國數位服務小組（United States Digital Service）轉型，後來他又擔任美國退伍軍人事務部（US Department of Veterans Affairs）的數位服務總監暨副技術長，應用所學幫助數百萬退伍軍人更好地得知、申請、追蹤及管理他們應得的福利。

教練履歷

史黛西職涯中最有成就感的工作之一是為有才幹的團隊創造空間，讓他們為使用者打造優異的體驗。他認為在產品模式中最有可能做到這點，因為產品模式由一群具備不同能力、方法與觀點的人組成團隊，他們共同打造出來的解決方案是單打獨鬥的人無法比擬的。

在產品領域工作多年，以及在大型組織領導轉型後，愈來愈多想轉型的團隊組織找上史黛西，請他協助他們的領導者。史黛西認知到，

為領導者及團隊提供教練指導，既是有影響力，也是他熱愛的事。

身為產品教練，他應用自己在實務界的產品領導經驗，幫助領導者及團隊轉型為以顧客及使用者為中心的產品模式，發揮他們的最大所能創造出有價值的產品。

產品教練：瑪莉莉・尼卡（Marily Nika）

邁向產品之路

瑪莉莉・尼卡生長於希臘，他有一個獨特、鼓舞人心的故事，顯示對科技的熱情及毅力如何引領他走入成功的矽谷職涯。

瑪莉莉七歲時發現哥哥的一本老舊 BASIC 程式設計書，他花不計其數的時間在家裡用 Amstrad 早期生產的個人電腦學習。程式設計成為瑪莉莉的熱愛，在這個年紀就知道他想學電腦科學。

不幸的是，希臘獨特的教育體制不容許學生直接選擇科系，大學入學考試後瑪莉莉被分發到經濟系。幾乎所有人都在試圖勸他放下程式設計的夢想，但他的父母和他的第一位導師告訴他，在學校讀什麼科系沒那麼要緊，更重要的是自己的熱情所在。瑪莉莉後來獲得谷歌提供的獎學金，前往倫敦帝國學院（Imperial College London）攻讀博士，最終取得機器學習方面的博士學位。

瑪莉莉於 2013 年進入谷歌時，完全不知道產品管理是什麼，但他很快就開始接觸產品管理方面的工作，並且深深著迷。谷歌內部提供

一個產品管理職務輪調方案，這讓他有機會去嘗試與探索產品工作是否適合他。從先前的技術性職務轉變為產品性質職務並不容易，但瑪莉莉嘗試之後再也沒有回頭了。

他在谷歌工作了八年（包括在倫敦及矽谷），為 Goole Assistant（谷歌助理應用程式）和 Google AR ／ VR（擴增實境／虛擬實境）打造 AI 產品，爾後在社群元宇宙公司（Meta）旗下的實境實驗室（Reality Labs）工作兩年。

教練履歷

基於瑪莉莉在打造 AI 產品方面的成功，他自然而然地成為人們尋求指導與教練服務的對象，先是來自他任職公司的內部同事，很快就有來自外部的請求。

瑪莉莉發現，他不只善於指導與教練，也樂在其中。於是，之後他的教練工作很自然地擴展至寫作與教書。現在，瑪莉莉是一位著名的產品教練及研討會講者，他在自己開設的線上課程和哈佛商學院教導 AI 產品管理。他孜孜不倦於盡所能及地幫助更多人追求他們對 AI 技術與產品的熱情。

產品教練：菲爾・泰瑞（Phyl Terry）

邁向產品之路

　　菲爾・泰瑞邁向產品之路有點不尋常，但又極有成效。

　　1990 年代時，菲爾是亞馬遜收購第一家新創公司的團隊成員，之後他短暫待過麥肯錫管理顧問公司，然後進入 Creative Good 公司擔任執行長長達十五年。

　　Creative Good 跟世上許多頂尖產品團隊及產品公司合作，透過幫助他們親自進行使用者研究來更貼近顧客，該公司稱這方法為「傾聽實驗室」（listening labs）。這段期間，菲爾和 Greative Good 團隊往來公司中有許多產業界的巨人，包括：美國運通銀行（American Express）、蘋果、BBC、臉書、谷歌、微軟、耐吉、《紐約時報》，這些公司全都致力於更深入了解自己的使用者及顧客。

　　為了在工作上取得成功，菲爾親身參與，不僅跟客戶公司的產品領導者及產品團隊互動，也跟這些公司的高階主管團隊互動，有時候高階主管是不情不願地勉強參與。所有這些經驗讓菲爾有無與倫比的機會認識許多產業的頂尖產品團隊和產品領導者。

教練履歷

　　在網際網路泡沫破滅後，菲爾認為當產品領導者彼此連結時，奇蹟就會發生。因此，他看出把產品領導者最喜愛的兩件事結合起來的

機會：提供產品領導者教練指導；把產品領導者連結起來形成同儕社群。

菲爾在 2003 年創立 Collaborative Gain，在過去二十年間持續擴展世界社群，如今已經是全球最大的產品領導者社群，成員有來自世界各地產品公司的數百名產品領導者。

菲爾幫助過無數的產品領導者，不僅幫助他們高效完成工作，也使他們在職場及生活中獲得更大的滿足感及快樂。他們學到，優秀的教練工作遠非只具備優秀的傾聽技巧而已，還需要相關主題的知識；需要持續學習的心態；需要教練和被指導者真心願意捲起袖子做事；需要深入了解公司的政治與文化；需要有意願挑戰棘手或尷尬的互動，但最重要的是，需要認真思考——在你提出教練建議時要先三思，並教導受訓者如何認真周詳地思考困難問題。

菲爾也喜歡透過寫作來指導，已出版的著作有《讓顧客幫助你》（*Customers Included*）、《別獨自找工作》（*Never Search Alone: The Job Seeker's Playbook*）。針對後面這本書，菲爾建立了一個由數千位產品經理（及其他人）志願組成的免費全球社群，這些人追求他們的職涯成長，以及尋求新職位的機會。

產品教練：佩特拉・威利（Petra Wille）

邁向產品之路

　　佩特拉・威利的產品旅程始於二十多年前。他的職涯首先從事幾年工程工作，但他很早就著迷於打造產品的創意流程。在想要了解流程全貌和培養自身影響力的欲望驅使下，他從工程領域轉向產品管理領域。身為產品經理，他能夠參與創造產品的每一個層面——從概念到問市。

　　佩特拉任職過幾家著名的德國公司，這些年親身經驗幫助他大量學習有關於產品管理及產品團隊，以及了解創造優異產品的錯綜複雜與細枝末節。

　　很快地，佩特拉晉升至領導職務，他在兩家著名的技術驅動型德國公司 XING 和 TOLINGO 擔任過產品負責人。在新角色中，他首次真正承擔起教練指導的職責，他立刻了解到在工作中指導與培養人才的重要性。除了在幫助他人的工作找到喜樂，他也發現專注於教練指導還有吸引及留住人才的額外好處。

教練履歷

　　佩特拉轉當全職教練成了順其自然的發展。他卸下產品主管職務，轉行當個自由接案者之後，更能自由地發揮他的教練指導技巧。他開始舉辦研習營與教練課程，漸漸地發展出自己的教練指導策略，並且持續發展這套工具箱。

身為產品教練，佩特拉幫助許多產品經理及產品領導者找到自己的成功路徑，他目睹他們原本迷失在組織變革中，後來可以很有信心地領導團隊邁向成功。跟所有優秀的產品教練一樣，佩特拉的教練方法不強行把一體適用的策略或框架套用在他輔導的人與組織身上，他針對人們及公司的個別需要和背景量身打造教練指導。

　　教練之旅帶領佩特拉涉足了各行各業，從醫療保健技術到電子商務再到貨櫃航運輸等，而他的唯一目的是指導人們創造成功的產品和有成就的職涯。他說：「優秀的產品教練幫助處於任何現狀的人，不論他們處於產品旅程的早期階段或進階階段。這項能力植根於具備產品實務經驗基礎，對產品旅程有根本且清楚的了解，如此一來，他們才能提供切要、可據以行動的教練指導與建議。有這樣的親身經驗，再加上幫助他人的熱忱，產品教練才能幫助人或組織實現轉型變革。」

　　佩特拉在 2020 年出版著作《發展優異產品經理完全指南》（*STRONG Product People: A Complete Guide to Developing Great Product Managers*），他也是歐洲產品社群的活躍領導者，經常舉辦產品研討會，也在研討會中擔任講者。

第35章

創新故事：Datasite

　　馬提評註：產品社群中另一個常見的錯誤觀念是創新只出現在消費性產品，但為大型公司打造產品時情況又有所不同。確實，許多企業軟體公司遲緩地轉型為產品模式，銷售導向的組織也的確舊習難改。但是，本章敘述的例子證明，轉型為產品模式帶來的報酬很可觀。

公司背景

　　本書第 7 篇講述了 Datasite 這家公司的轉型故事。很多公司投資產品模式轉型的理由是為了促使組織能夠持續創新，本章分享的創新故事就是這樣的例子。

　　企業購併案成功的要素之一是保密，在購併過程中涉及許多各方交流的機密文件，如果沒有安全地處理這些文件，文件可能遺失、放錯地方或遭竊。

　　文件密文（document redaction）是選擇性移除或遮蔽文件中的機密資料，保護敏感資訊不被未經授權者存取或揭露，但其餘內容仍然

可以分享或發布。文件密文通常應用於文件中的文本、圖像或其他媒體，這流程涉及確保內容不對外被揭露，或是在暗網上被販賣。

文件密文作業可以用人工方式處理，由律師或律師助手仔細審閱文件後加上密文標記，或是使用實體及數位方法來遮蔽敏感資訊。密文人工作業注重細節，以確保特定資訊被確實隱藏。

2019 年，在一次重大的法律與政治新聞報導中，密文文件扮演了關鍵角色。一名律師不小心提呈一份未適當密文的文件給法庭，導致大眾可以看到先前隱藏的資訊。接踵而來的新聞報導為商界敲響警鐘，商界認知到，他們用來密文處理的工具並不如他們先前以為的那麼有效。

需要解決的問題

Datasite 知道，為了維護客戶的信心，他們必須構建一個編輯工具來確保併購過程中共用文件的健全性。

根本問題是，雖然多數的密文工具能夠移除或遮蔽文本的某個部分或圖像，但他們未摧毀其背後的詮釋資料（metadata），有心人可以運用詮釋資料來重建被密文的資料。Datasite 認為，坊間沒有適當的解決方案，因此他們決定自行打造一種新的、確實安全無虞的密文產品。

在公司轉型前，組織沒有能力做這件事，但自從轉型為產品模式，Datasite 一直在建立與培養這方面的技能。

Datasite 的產品團隊花時間跟顧客互動，以了解他們的文件密文需求，接著團隊開始評估各種可能用於深度密文的技術方法。很快地他們認知到，必須能夠從數百、甚至數千件文件中辨識出必須密文處理

的資料，然後不僅要移除這些資料，也要移出背後的詮釋資料，與此同時，不能損及文件的其餘部分。

找到解決方案

工程師必須設法對一份文件進行密文處理，但密文後又能讓客戶方相關人員在獲得許可下存取 Datasite 系統，重建被密文的資料。

一名工程師對這問題想出了一個新奇的解決方法，靈感來自谷歌地圖（Google Map）的使用方法。為了證明技術可行性，工程師們打造了一個可行性原型，向產品團隊及產品領導者展示。接著，工程師們必須在 Datasite 平台上測試這原型和顧客體驗。

該團隊跟歐洲及北美洲的 12 個顧客探索夥伴合作探索及測試這項提議的解決方案，密集的驗證測試讓銷售、行銷及服務團隊參與在倫敦、巴黎及紐約跟客戶進行的探索階段。

結果

最終結果是找到了一個現在已經獲得專利的技術，這方法能夠自動化地對文件進行密文處理，或是建立一整個文件虛擬資料室，移除敏感資料和詮釋資料，而且無法辨識出什麼資料被移除了。同樣重要的是，當需要時，文件可以被自動化地取消密文，復原文件的完整原貌。

Datasite 的密文工具在市場上成為一個重要的差異化產品，為該公司的客戶提供重要價值與安心。

第**9**篇

轉型故事：奧多比

　　撰寫人：前奧多比產品管理主管、現任 SVPG 合夥人莉雅・希克
曼（Lea Hickman）

　　馬提評註：本章講述我所見過最令人印象深刻的轉型故事之一。
奧多比向來是家經營穩健優秀的公司，創造出幾個非常成功的產品，
但此前，他們並非以產品模式營運，直到後來知道公司必須變革才能
應付迎面而來的挑戰。在這個案例中，直到公司的創新驅動了轉型，
轉型的驅動因子是創造新型的創作雲端（Creative Cloud）產品。本章
由當時派任奧多比創作雲端（Adobe Creative Cloud）產品管理主管的
莉雅・希克曼撰述，他和奧多比的技術長凱文・林奇（Kevin Lynch）

及其他人共同合作，並且獲得一些優秀的高階主管協助與支持，使他們得以推動被認為是迄今產業界獲致最大財務成功的轉型。

許多人以為奧多比是一家後網際網路時代的公司，但其實他們創立於 1982 年，從印表機與個人電腦起家，該公司一直在許多技術中扮演要角。現在的奧多比跨及許多不同的事業，主要聚焦為設計師提供工具與技術，幫助他們打造人類的數位世界。

動機

有些公司從早期一些跡象看出他們需要改變打造產品的模式。有時候，早期跡象是出現一種新的破壞性技術，或是市場情勢持續發生重大變化。大部分時候，組織能夠據以作出調整及反應。

我任職奧多比的 2007 年至 2014 年間，我們歷經了這樣的時刻，我們面臨技術、市場及競爭情勢的重大變化。當時，我負責數位媒體組織的設計、網站及互動工具的產品管理，這些資產包括：Adobe InDesign（專業頁面版面應用程式）、Adobe Illustrator（繪圖軟體）、Adobe Dreamweaver（網站開發軟體）、Adobe Flash Authoring（多媒體程式播放器）等工具。我們以個人工具和名為「Creative Suites」套裝產品的綁售形式出售，Creativ Suites 會基於顧客性質而有不同綁售方式，例如：有 Design Suite、Web Suite 等，還有完全版套裝產品名為「Master Collection」，內含了我們銷售的所有工具。

當時，我們主要的商業模式是對既有顧客銷售這些工具與套裝升級版，並向新顧客銷售完全版。每次規畫新發布時，我們會預測必須

售出多少套升級版和完全版產品，才能達成營收目標。我們根據即將發布的內容能否達到產品／市場適配的信心來作預測。

對即將發佈的版本進行分析的過程中，數據表明我們的顧客已經有對他們而言足夠好的產品了，這意味著他們購買升級版的可能性不高。當時，所有產品都相當成熟，也存在市場上超過十年。在價格持續上漲之下，疑問在於我們新發布的內容是否有足夠的價值可說服顧客升級或購買。

另一個挑戰是，我們的產品發布週期長。剛進入奧多比時，我們的產品重大發布週期相隔約 18 至 24 個月，後來情況稍有改變，我們開始在重大發布之間建立交付點，有助於在過渡期利用新技術推出新功能。雖然，這做法從營收認列的角度來說有益，但在應付新競爭方面並無幫助，競爭者已經採行持續發布的實務了。

在這期間愈來愈多軟體以 SaaS 形式交付，新競爭者進入市場，顧客愈來愈常提及 Sketch 和 Aviary 之類的競爭者。這些競爭者雖然是市場新手，他們的價值主張──簡單的現代設計工具──迎合那些只使用我們舊版複雜工具一部分功能的顧客。

約莫此時，新技術顯著影響顧客的工作模式，尤其是 iPhone 已經問市幾年了，更多的人談論雲端型服務。使用者（設計師）把他們的資料儲存於雲端，不再儲存於桌上型電腦或筆記型電腦裡，這概念影響很大，因為使用者不再被特定硬體束縛，讓他們可以在任何地方和任何器材設備與裝置上存取他們的資料及檔案。

這當然會改變設計師的構思與設計方式，使得他們的工作流程顯著改變。例如：這將意味著有更多的點子是用智慧型手機的相機捕捉

與儲存，進而開啟更多的可能性。

當時我們的行動應用程式創作解決方案屬於高度專有軟體，我們宣傳使用 Flash 創作，使用 Flex 來打造可以同時在安卓系統（Android）及蘋果 iOS 系統上跑的應用程式，前提是使用我們的產品 Adobe Air 作為這些應用程式的容器。在當時，只撰寫一次應用程式就能夠在多種行動作業系統上運行它們的想法非常動人、很具說服力。

雖然，顧客群中有一部分支持這做法，但有一大部分的顧客相信原生的行動應用程式效能較佳，其餘的顧客則是覺得有一個標準框架會更好。設計師工作流程的改變意味著我們不僅必須重新思考顧客打造應用程式的方式，也要重新思考自身打造行動應用程式的模式。

這理念的脫節在公司內部引發很多爭論：我們怎麼能夠一邊建議顧客使用我們的專有框架，一邊又自己打造原生應用程式呢？

那段期間的另一個重大變化是我們的顧客群，當時正發生從平面媒體轉向數位媒體、從專業人士轉向更多兼職的業餘人士或狂熱者的現象。雖然，這個市場一直為我們貢獻營收，但趨勢愈來愈明顯：提供較簡單工具的新競爭者更受非專業使用者歡迎。

購買者的行為也出現變化：早年 Creative Suite 的購買者前往當地的電子產品商店，從貨架上直接購買 Creative Suite，然後他們在桌上型電腦或筆記型電腦上用 DVDs 安裝軟體。

多年前，我們讓使用者可以直接下載軟體，現在這已經成為使用者偏好的方法。伴隨下載速度加快，人們更容易在家中和辦公室直接線上購買與下載，形成零售商或經銷商去中介化，或者至少導致通路銷售量減少。

最後一個動機是賈伯斯在 2010 年 4 月 29 日親自發表的一封公開信，談到 Flash、及為何蘋果公司決定不允許 Flash 在蘋果 iOS 器材設備與裝置上使用。這是一個沉重的打擊。我們的 Creative Professional 產品始終支援蘋果硬體設備，而 Creative Professional 顧客也深愛蘋果產品。

　　我們知道是時候採取不同的方法了，但知道需要改變是一回事，願意且有能力作出改變，那又是另一回事。

　　截至當時為止，我們只有棍棒：我們知道如果不對工作模式和產品供應作出重大改變，我們將失去市場地位。但是，我們知道組織也需要蘿蔔。

　　如果我們作出必要的改變，我們能夠為顧客及我們的事業做哪些我們現在無法做的事情呢？

　　奧多比的現行工作模式歷史悠久，截至當時為止相當成功，圍繞著工作模式的文化也相當根深蒂固。雖然，未來的展望看起來明顯令人憂心，但必須認知的一點是，在當時，奧多比這家上市公司是業內明顯的領先者，Creative Suite 的年營收超過 20 億美元。

　　為了回答關於蘿蔔的疑問，奧多比的三位高階領導者 ── 當時的技術長凱文・林奇、平台事業資深副總大衛・瓦德瓦尼（David Wadhwani）、Creative 事業的資深副總強尼・羅亞科諾（Johnny Loiacono）── 召集一次外場會議。他們要求每一項產品類別的負責人參加，並且預備在會中簡報說明非桌上型工具產品類別的新產品構想。更確切地說，他們要求的是行動應用程式和託管服務類的產品點子。

　　我們知道未來要為顧客創造價值，託管服務和行動應用程式很重要，但我們不知道團隊在這方面的思考推進到哪裡了。在外場會議中，

明顯可見組織的每一個領域對於顧客想要什麼各有不同觀點，大家的願景不一致。

在外場會議中，高階領導者認知到，我們不僅需要給顧客在雲端、行動及桌上型產品功能之外有一個統一願景，我們也需要一位產品領導者來推動願景。這些高階領導者要求我接下這個角色，另外還指派了優秀的工程領導者，尤其是凱文・史都華（Kevin Stewart）。

我們不僅要讓產品團隊很清楚這個願景，也必須讓高階主管、利害關係人、投資人、分析師及顧客清楚了解。我們從公司執行長山塔努・納拉延（Shantanu Narayen）和財務長馬克・蓋瑞特（Mark Garrett）著手，我們知道自己將要求這兩位領導者下重注——賭注有可能是整個公司——如果無法說服他們的話，公司其他人和單位絕不可能同意推動如此破壞性的變革。

所以，回到關於蘿蔔的疑問：為何要推動這些變革？

回答這個疑問的主要工具是產品願景，事實證明願景是贏得高階領導者和許多利害關係人同意與支持的關鍵。下文將更詳細討論產品願景扮演的關鍵角色，但結果是，執行長和財務長都了解變革的動機和好處，他們也能開始思考自己可以如何幫助變革行動。

轉型為產品模式

公司當然面臨許多挑戰，但必須承認的是，他們有幾項重要資產。奧多比已經有很堅實的工程與產品設計文化，以蘊藏技術人才聞名，在為科技業提供幾項核心元件方面也有傲人的成就。或許，最重要的是，這家公司有大量的熱情顧客群。話雖如此，產品領導團隊和我都

知道，我們必須推動全公司的重大變革。

改變我們的打造模式

我們的顧客在構思、設計與協作方式上的需求正在改變，我們使用及支援的技術也必須作出改變，包括打造與部署產品的模式。

我們的瀑布式產品發布週期太長了，讓顧客等待 12 至 18 個月才有新功能的做法已經站不住腳了，我們會無法跟上市場與競爭。網路標準和行動裝置的創新速度迫使我們朝向持續發展與交付的模式，雖然奧多比有很優秀的工程師，但在推動變革的早期他們強烈抗拒轉型為持續布署模式。

改善顧客的生活，以及改善那些打造及支援產品的工程師工作流，二者之間有很明顯的權衡。以往，如果顧客發現新版存在重大問題，他們可以安裝舊版。但在雲端型解決方案中，如果存在可能影響所有的顧客的問題，顧客也無法輕易地轉換為奧多比目前支援版本以外的其他版本，因此工程師必須恆常維持現行版本的適當運行。

除了這種程度的服務，為了發布能夠持續且獨立地部署，涉及產品設計、打造、測試及部署方式的架構改變。在此必須讚揚奧多比的工程師，他們接受了挑戰，為公司及顧客實現轉型與結果。只不過也必須讓讀者了解，這過程很不容易，早期並非沒有遭遇阻力。

改變我們解決問題的方式

除了改變打造與部署產品的模式，我們也必須改變解決問題的方式。

當時，奧多比有一個非常工程及設計師導向的文化，通常運作模式是：工程師或設計師構想出產品點子向產品經理倡議，產品經理對這些產品點子提出要求條件，辨識他們要解決的問題，以及打造這新產品對顧客（設計師）的價值主張。

這些優秀的工程師及設計師中有很多在日後被晉升，工程領導（一般稱為工程組長）備受重視，在許多情況下，工程組長受到的重視遠高於產品管理或產品行銷。

好消息是，公司存在堅實的被賦權工程師文化，但壞消息是，工程師和實際購買我們產品的顧客之間相隔了太多層級的人與組織，這往往導致打造出來的產品功能未能達到我們期望的被採用程度。

我們知道，如果想達到未來仰賴的持續創新水準，我們不僅僅要授權工程師，而是要賦權真正跨功能的產品團隊，並且讓他們能夠直接和顧客互動。因此，我們撥經費給由產品經理、產品設計師和工程師組成的跨功能產品團隊，他們和產品行銷團隊密切合作並直接與使用者互動，以此了解使用者面臨的新挑戰，找出能有效滿足這些需求的解決方案。

雖然，公司有優秀的工程師及產品設計師，變革也仰賴優秀的產品管理。公司本來就有許多優秀的產品經理，但他們的角色向來更聚焦於分析產品對事業的成本效益，提出對新產品的要求條件，以及跟產品行銷團隊一起準備即將發布的內容。他們已經肩負專案管理責任，必須報告里程碑的進展。但是，我們需要產品經理的角色轉變為主要側重產品探索，聚焦於產品價值和可營利性。

就如同產品發展必須從以往的專案型瀑布式風格轉變為持續發展

與交付模式，產品探索的工作模式也必須跟著改變。由於競爭情勢和顧客期望變化太快，我們不能假定 6 個月前正確的事到了現在仍然正確。

改變我們決定解決哪些問題的方式

動人的產品願景

我們匯集了工程、設計、產品行銷、產品管理及其他人員，開始談論顧客及他們面臨的挑戰。

我們知道許多顧客經濟能力有限，尤其是那些小型設計事務所，負擔不起升級至最新版本的工具。我們知道，大多數顧客樂於使用行動電話及平板來構思與創作。我們知道，有許多不同的場合及網站讓設計師發表他們的設計來吸引潛在新客戶。基於奧多比的市場地位，難道我們沒有資格去解決這些問題嗎？

我們認知到，我們不該聚焦在想達成什麼事業目的，應該開始討論顧客以及我們如何改善他們的生活。有了這認知，我們的產品願景開始成形。

我們決定撰寫一份有關於自雇接案的平面設計師——我們為他取名「瑪莉莎」（Marissa）的「日常生活」。瑪莉莎有自己的設計事務所，雇用了幾名設計師。

有一天，耐吉公司的創意總監瀏覽「creative.adobe.com」時被一件作品吸引。這位創意總監探索這網站後接洽了瑪莉莎，請他為耐吉即將推出的新廣告活動提案。

瑪莉莎利用奧多比的平板應用程式、雲端同步及桌上型工具製作

出一個動人的提案，如果他接到這專案的話，他能夠找到其他攝影師和設計師一起合作。

這情境和據此打造出來的願景腳本（visiontype）成為我們想為設計師顧客打造產品背後的指引力量。我們相信，如果我們為設計師顧客做正確的事，他們就會繼續使用我們的產品，也能吸引新顧客。我們知道公司有效的機制可以攫取這價值。

我們對外部顧客和內部利害關係人測試這假設。我們開始和重要的設計師顧客分享願景，向他們解釋我們對未來的看法，以及何以我們認為這有益助。

同樣重要的是，我們也開始和重要的利害關係人分享產品願景。我們的一個假設是，我們的產品問市模式必須改變，我們的產品組套方式也必須改變，但我們知道，這些改變對銷售、行銷及財務部門而言有重大關連性。

這願景腳本是一大關鍵，幫助我們了解設計師顧客的未來工作環境與需求，也幫助我們了解現有資產目前存在的落差，以決定哪些是必須解決的重要問題，以及解決這些問題的優先順序。

洞察導向的產品策略

我們的產品策略研擬工作辨識到顧客的兩大問題領域。第一個問題領域是身分識別管理，第二個問題是資料的雲端同步。

我們知道必須立刻處理身分識別管理方面的問題，桌上型電腦解決方案可接受的身分識別管理方式，在可以透過存取各種器材設備與裝置的雲端型解決方案卻行不通。

多套身分識別系統不僅對顧客而言很麻煩，也妨礙我們收集產品使用情況的資料能力，而收集這些資料對於個人化及授權管理很重要。我們知道必須有一套通用的身分識別系統，尤其是如果我們想讓使用者能夠在任何地方存取他們的內容、服務與工具的話。

第二個問題領域是讓來自行動裝置、平板、雲端應用程式及桌上型電腦的檔案及其他資料在不損失資料或原真性下同步化。

產品規畫

Creative Suite 不是單一一種解決方案，而是有超過 20 種產品的整合套裝，因此要轉變為新一代的整合套裝，不僅涉及這些組合中個別產品的轉變，也要處理產品彼此間的落差問題。

我們採行的策略是，遷移其中的一些應用程式，重新設計與打造其他應用程式，並且策略性地收購一些能幫助我們更快速達成產品願景的元件技術或團隊。產品願景幫助溝通工作的共同目標，決定哪些是最重要而必須解決的問題。

我們的每一支產品團隊對於他們想如何改善產品有強烈意見，這種熱忱是好事，但我們需要這些團隊把「瑪莉莎的需求」內部化與優先化，最終專注且執著於這些需求。產品願景也需要所有產品團隊確實通力合作，不論是整合出一套通用的身分識別系統來使顧客只需要一個 Adobe ID，或是檔案需要流經多個平台，都需要大量的協調與通力合作。

所幸，我們已經有這種肌肉記憶，因為過去我們發布的每一個產品週期不僅是個別產品，也是聚焦於重要顧客區隔的套裝產品，套裝

產品本來就需要協調與通力合作，產品團隊稱此為「套裝重負」（Suite Tax）。

此外，我們也需要從技術和設計觀點作出一些大決策。設計部分較容易些，因為我們有優秀的設計領導，而且過去我們就抱持一個信念，認為不論顧客及使用者使用什麼器材設備與裝置或工具，都應該讓他們有一致的體驗。

這個理念也適用於雲端型服務和行動應用程式。這在特定功能性及圖像學中是牢不可破的觀點，因此我們需要建置一套設計系統，在需要一致性的地方有完整編程元件，而個別產品團隊可以在不要求一致性的部分進行實驗。

改變產品問市方式

為了能夠推出 Creative Cloud，最後一個層面是跟重要的利害關係人通力合作，尤其是我們不僅改變產品，也改變事業模式和產品問市策略。

過去，我們通常每隔 12 至 18 個月發布及推出產品新版本，我們有很長的產品開發週期，很複雜且需要協調的問市策略，我們會花幾個月規畫要凸顯哪些功能、製作宣傳及定位文件，製作要在巡迴展示會中進行的演示與說明，在宣傳品及包裝上投入大量時間和金錢。

在 SaaS 的訂閱模式下，我們將持續改善與發布產品，因此沒有時間去做上述那些事。我們必須改變通知顧客新功能的方式，也要改變溝通宣傳通路。我們必須擔心新功能容不容易發現，因為我們將不再有產品問市的行銷機器去通知顧客及潛在顧客這些新推出的功能。

另一個挑戰是，我們主要是透過新聞及分析師通路，向我們的顧客溝通宣傳。我們會舉辦巡迴展示會，產品經理和行銷經理向產業評論家展示及說明最新發布的內容，博取他們有利的評論。這種方法幫助顧客及使用者決定為何及是否應該購買最新版本的產品。

為了直接向設計師顧客溝通與宣傳我們的產品，我們必須確保顧客能夠快速發現及學習新功能，不再每年一次地安裝新發布版本。

你可以看出，這些改變影響銷售組織對企業客戶的銷售方式；影響通路組織和零售業夥伴的合作方式；影響產品行銷組織需要調適通路轉變等。為了為所有改變做好準備，產品團隊必須密切地跟問市團隊通力合作來管理整個過渡期。

近乎奧多比的每一個部分都受到轉型的影響，尤其是受到產品供應模式變革的影響。我希望，最起碼這篇簡短扼要的案例說明能使你看出奧多比轉型所涉及的變革範疇，這種程度的變革沒有一件事做起來簡單容易。

結果

我們從顧客數、營收及股東價值來評量轉型是否成功。以前的 Creative Suite 有 600 萬個顧客；轉型後的 Creative Cloud，截至 2021 年年底，有 2,600 萬個訂閱者。以前的 Creative Suite，年營收為 $20 億美元；轉型後的 Creative Cloud，2021 年的年營收為 $115 億美元。在這期間，奧多比的市值從 130 億美元成長至 2,690 億美元。轉型帶來的事業結果很明顯，奧多比的這轉型被認為是產業界在財務上獲致最大成功的轉型案例。

第10篇

克服異議

不論組織員工規模大小，重大變革總是會招致異議。

總有人純粹因為不喜歡改變而抗拒變革，我們有應付這類情況的技巧，但較困難的部分是，人們通常有很合理的疑慮，他們不知道如何在新模式處理這些疑慮。

第 10 篇各章列舉來自組織各單位的重大疑慮，以及來自產品組織內部的疑慮，並討論如何處理每一個單位的疑慮。

第36章

來自顧客的異議

作者註：本章討論的很多內容跟第 21 章「與顧客合作」相關。

「我們的使用者認為，提供這個特定功能絕對有必要，除非你能承諾這點，否則我們無法承諾會購買你們的產品。」

上述是很常見的顧客異議，通常也是合理的異議。切記，這些顧客這些顧客中的許多人已經從公司及其銷售和行銷人員那裡聽了多年的承諾，但很少有人兌現，因此完全可以理解他們的懷疑心態。

首先，你務必讓顧客了解一家商品公司和一家顧客解決方案供應商的差別。其次，你必須認知到，顧客以解決方案形式來表達他們的需求與期望是很正常的事，產品團隊的工作就是去研判他們要求的解決方案背後的問題。

如果這顧客的情況確實獨特，並且只代表一個顧客的市場，那麼，通常最適當的做法是把這個公司客戶引介給專門針對這類情況的訂製解決方案的供應商。但是，如果你相信這顧客是你目前或未來目標市場的一分子，而且你相信這功能與你的產品策略

一致，那麼這是直接跟這顧客互動以深入了解成功所需要素的好機會。

你必須清楚告知顧客，你致力於為他們解決這問題，但你也必須以能適用這市場其他顧客的方式來解決這問題。有時候，有既適用這顧客、也適用其他顧客的明顯解決方案；但其他時候，需要適當的產品探索工作才能找到顧客喜愛、技術上可行、事業上也可營利的解決方案。

另一個有用的做法是，向顧客解釋他們喜愛的產品大多是以之前他們自己甚至沒有意識到的可能做法完成的。

「我必須知道我能信賴你們這項功能的交付日期。」

根據前文，首先你必須研判這功能是不是你產品策略的一部分。設如果是，當顧客要求給一個明確日期時，在作出任何你可能無法兌現的承諾之前，你必須認知到，這是所謂的「高誠信承諾」的適用情況。

「如果我們購買這產品，等於我們對你公司押重注，我們必須確定你們跟我們方向一致，我們必須看你們的產品路徑圖來確定這點。」

特別在企業軟體領域，公司客戶往往得作出重大投資來押注你公司。他們不只需要知道你公司現在做什麼，也需要知道你公司未來打算做什麼。大多數人會要求看產品路徑圖，因此你可能需要解釋產品路徑圖中涉及的固有風險。一個有用的做法是，備有供內部使用的產品路徑圖，以及可用於跟外部顧客分享的產品路徑圖。

話雖如此，實際上產品願景直接反映出客戶真實的需求。再者，產品組織用顧客的回饋意見來驗證產品願景，因此當我們有所選擇時，我們偏好與顧客分享產品願景，而非產品路徑圖。

「應付你們說的新版本發布工作太費時、費力了，我只能每隔3、6、12個月發布。」

「我們需要為每個新版本發布提供詳盡的使用說明及訓練。」

這些是非常合理的異議，但這些異議的根本原因其實是以往的發布頻率太低，你對使用者一舉推出太多修改，對顧客造成太多干擾。

當發布更新成為顧客的一大痛點時，人們會想要更低的發布頻率，而非更高的發布頻率。有時候，顧客以為較低的發布頻率意味著發布的品質會更好。但是，壓倒性的證據顯示恰恰相反，你可能需要向顧客解釋個中道理。

本書第 7 章（改變打造模式）中指出，持續交付是防止這問題的方法。在產品模式中，顧客收到持續的小規模、可靠、增量式產品修改。這些修改被設計成不會影響使用者，或者縱使會影響到使用者也不需要重新訓練。

你也可以向顧客解釋，你何時發布新功能，以及顧客何時能見到這新功能，這二者是有差別的。一種持續交付的方法是「暗中發布」（release dark）——把新功能發布於生產環境中，但你控制是否及何時讓顧客看到，此稱為「功能切換旗標」（feature flagging）。功能閘門控制（feature gating）讓你可以控制只讓一個子集的顧客接觸這項新功能。

有時候可以向顧客指出，很多他們喜愛的重要產品其實就是這麼運作，他們的瀏覽器、手機、新車，甚至他們的新洗衣機都使用這種模式運作。

如果顧客仍然認為他們需要每週重新再保證，你可以這麼做，但最終，他們將會信任你正在確保他們總能運行最穩定、有效的解決方案。

現在的顧客要求比以往每季或每年大爆炸式發布的年代做得更好。

「你們收集產品使用者資料這件事讓我們很不安，為什麼我們得容許你們這麼做呢？」

針對這個疑慮，必須向顧客強調兩點。第一、當你的產品把產品使用情況回報給產品團隊時，那些資料已經匿名化且匯總，因此無法辨識出個人資訊。第二、收集這些資料是用於確保產品為顧客正確、適當地運行，以及解決他們的問題，這對你的顧客和你的公司很重要。

就如同飛機飛行員仰賴監控儀器來確保他飛行於正確航道，飛機正在安全地飛行，產品團隊仰賴這種監控也是基於相同理由。

「我們參與你們的顧客探索方案，並對進展感到很興奮，但後來卻被告知你們決定不打造這項新產品。這是正常情況嗎？還是我們哪裡出錯了？」

這個疑問不常見，但偶爾會出現，我們想在一開始就向你解釋這種可能性。發生這種情況的主要原因是產品團隊無法找到適用於所有合作顧客的單一解決方案，有時候特定顧客的需求真的很獨特，這種情況更適合找一家訂製解決方案供應商，較不適合由商品公司來處理。

第37章

來自銷售部門的異議

作者註：本章討論的很多內容跟第 21 章「與顧客合作」相關。

「我們天天跟顧客來往，為什麼不該由我們來告訴產品團隊必須為顧客提供什麼呢？」

的確，銷售人員在前線面對顧客，因此他們能對產品提供寶貴的意見。在產品模式中，產品經理和全公司的銷售人員有緊密的關係，工作上需要依賴彼此，因此必須鼓勵產品經理積極參與對重要潛在顧客的銷售過程。

一般來說，產品經理和產品團隊跟使用者及顧客直接、持續地互動，但不是在銷售情境中互動，而是在產品探索過程中互動。話雖如此，有一個基本原理解釋了何以優秀的產品解決方案鮮少來自顧客或銷售人員：顧客和銷售人員不知道目前的技術有可能做到什麼。

顧客通常是他們所屬領域的專家，但鮮少是打造解決方案的賦能技術專家。當他們購買你的產品時，實質上就是雇用你當他們的專家。優秀的產品來自結合顧客的實際需求和新技術能做到的解決方案。

「這是一個很棒的產品願景，但離打造出來還有幾年，我現在就得達成我的績效目標，你們要打造的東西如何幫助我的銷售團隊達成這季或下季的績效目標呢？」

分享產品願景固然重要，為銷售團隊提供他們現在能銷售的東西也很重要。最好的辦法是提供他們可作為參考案例的顧客——最喜愛使用最新產品的顧客。一般來說，你可能需要向銷售領導說明每一個產品工作如何產生直接的事業成效。

「我有一個很有機會的潛在顧客，但我們必須承諾打造一些新功能才能簽下這筆交易。」

在產品模式中，產品團隊最害怕的事情之一就是「特殊性」，為了滿足特定顧客的特定要求而打造一次性功能。產品根本不用太多的特殊性，就能變得更複雜、更不靈巧、更難讓所有人學習及使用。

所以，轉型為產品模式時，對於這些特殊性我們建議的處理方法是：任何這種特殊要求（目前已經問市產品以外的任何東西）必須先經過銷售主管批準，也希望銷售主管這一關能夠否決大多數這類要求，讓工作繼續往前推進。

對於那些通過銷售主管這一關的特殊要求，產品經理有責任先了解潛在顧客是否屬於公司的目標市場，接著了解潛在顧客要求的功能是為了解決什麼問題。

在許多案例中，潛在顧客屬於公司的目標市場。一旦產品經理了解潛在顧客想用這功能解決的問題，他可以辨識一個不僅滿足此潛在顧客的需求、也能滿足現有顧客及其他潛在顧客需求的解決方案。

在一些案例中，這個潛在顧客不屬於公司的目標市場，或者要求

的解決方案不在你的產品策略範疇內，那麼正確做法是：為了追求更大的商機，拒絕這個機會。一般來說，出現這種特殊要求往往是因為你還沒有提供可作為參考案例的顧客，迫使銷售人員和潛在顧客進入這類「特殊要求」的談話。

「我們之所以失去一筆大交易，是因為跟的競爭者相比，我們的產品少了一些重要功能。為何不把這些功能列為最優先要務呢？」

每一支有經驗的產品團隊都知道，顧客往往言行不一，有時是刻意為之，但通常是不自覺的。每當潛在顧客選擇了競爭者的產品，他們往往會拿簡單的理由當藉口，這可能導致產品團隊永無止盡地打造新功能。

有時候，你的產品的確缺乏一項重要功能，通常最好的方法是聚焦於發展可作為參考案例的顧客，這些顧客案例可以幫助潛在顧客了解你和競爭者的產品差異性。

「跟主要競爭者抗衡時，我們一再失去生意，我們該如何做才能更具有競爭力呢？」

這種情況明顯是銷售組織在請求產品組織（以及產品行銷部門）提出有效的因應方法。很可能你的產品團隊已經在打造應付這些挑戰的產品了，但也可能這工作需要較長時間才能作出一些重大改變。

此時，產品經理和產品行銷組織可以集思廣益，指出能讓銷售團隊贏得業績的機會。例如：我們目前產品／服務是否存在什麼區隔是優於競爭者的？我們能否快速為這區隔發展出可作為參考案例的顧客？

「我很努力經營顧客和潛在顧客，我不想讓產品團隊的人破壞這個關係。」

首先，必須認知到，為了打造出成功的產品，絕對有必要讓產品團隊不受妨礙地直接接觸使用者及顧客。在產品模式中，這是少數絕對不能退讓的條件之一，有必要的話，可能需要執行長出面直接對銷售領導者指出這點。

話雖如此，確實存在產品團隊成員在跟顧客或潛在顧客互動時說了或做了不當或不智之舉的情況，產品領導者有責任確保其屬下受到適當言行的教練指導。

對於有堅實客戶控管文化（這絕對不是壞事）的公司，你可以請銷售組織對即將造訪顧客的人員教授簡短的「顧客互動訓練」，這有時被稱為「禮儀學校」（charm school）。

除了透過學習來了解銷售與服務組織不同成員的角色與職責，以及期望的行為準則，還必須向準備造訪顧客、且可能會見使用者（一些顧客或使用者可能很不滿意）的人員強調，他們對顧客或使用者作出的任何承諾必須兌現。

雖然，產品團隊有必要直接與顧客互動，沒有任何取代方法，但值得在此指出，現在有些優異的工具可以幫助產品團隊進一步了解銷售拜訪時與顧客或潛在顧客之間的交談內容，而且有關於產品及產品問市也有很多要學習的新知識。

「我想確保我們的產品團隊不會在沒有彼此協調之下，尤其是在沒有和我協調之下，就每週任意地連絡我的顧客。」

這要求完全合理，你的產品營運／使用者研究團隊成立的目的是為了輔助與協調這些顧客造訪活動，他們必須確保不打擾你的顧客（例如：每個產品團隊都想造訪相同的顧客），並且必須讓相關的客戶經理及顧客成功團隊人員隨時了解狀況。

第 38 章

來自執行長與董事會的異議

作者註：本章討論的很多內容跟第 26 章「與高階主管合作」有關。

「身為執行長，我天天跟顧客、投資人、董事會成員、分析師及公司高階主管見面，為何不是我決定產品團隊該交付什麼的？」

「我是公司營運負責人，難道不該由我定義實現營收的產品路徑圖嗎？」

的確，身為執行長，你的職務活動讓你處於主導產品的強勢地位。事實上，在大多數新創公司，執行長或其他共同創辦人通常是產品主管，這也是此人主導產品的原因。

但是，大規模創新仰賴被賦權的產品團隊，因為顧客、投資人、董事會成員、分析師及公司高階主管通常並不知道目前的技術有可能做到什麼，因此具有擴展性的解決方法是把這些決策下放給相關的產品團隊。

的確，有些公司未能轉型為產品模式是因為執行長不願意放手。只要公司繼續賺錢，這也許是最好的模式，但在多數案例中，執行長

最終被迫必須在很短的時間內決定他究竟是想領導公司，還是領導產品。

「我經營一家企業，我必須知道將發布什麼，以及何時發布。」

的確，身為執行長，你需要有關於重大產品工作進展的詳細、即時資料。你的產品領導者應該要能夠明確地告訴你，什麼產品工作可望在什麼時間貢獻什麼事業結果。他們的產品策略工作就是在做這件事。

有時候，你也需要高誠信的承諾，但你必須知道，這些高誠信承諾是有機會成本的，因此把高誠信承諾僅限於那些本質上有截止日期的重大工作，這樣做對大家都有益。

同樣地，產品團隊仰賴你分享詳細的策略脈絡背景，使他們能夠在你出差時自行作出好決策。

「董事會想看我們的產品路徑圖，我必須提供給他們。」

如果董事會不了解你的產品工作將如何對事業產生必要影響，他們往往會要求看產品路徑圖，但通常他們關心的並不是產品路徑圖本身，他們其實想知道的是，他們提撥經費支持的產品如何有潛力地產生期望的結果。

在這情況下，產品領導者有責在產品工作情況和期望的結果之間建立關連性。在董事會會議之前，產品領導者應該花足夠的時間和執行長、財務長及營收長（或銷售主管）溝通，確保他們了解產品工作如何直接連結到事業結果，使他們有信心這產品工作是產生所需結果的正確工作。

另外，你必須認知到，如果產品組織還未建立這些交付結果的紀

錄，那將需要一段時間才能贏得高層信任。

「如果我有一個產品構想呢？不應該讓我有管道可以跟相關的產品團隊分享嗎？」

在採行產品模式的健全組織中，來自任何地方的產品構想都是正常且歡迎之舉。

問題是，構想是否被當成解決問題的建議來分享，抑或被視為接下來該設計與打造什麼的命令。執行長往往驚訝地發現，他們提供的意見竟然被當成命令。因此，執行長在提出建議時務必表明。

賈伯斯常說，產生構想很容易，難在研判這構想好不好，然後把構想轉化為實際產品，他認為後面這部分占了實際工作的 90%。

「期望產品工作產生結果的合理時間範圍怎麼估算？我如何知道產品團隊正陷入苦戰，抑或只是正常過程的一部分？」

關於這疑問的第一個部分，產品策略應該把這資訊說清楚，最好是以書面敘事形式說明，好讓所有重要的相關者了解打造重大產品工作的理由，以及產品工作打算如何在一季和一年期間推行，產品工作和長期的產品願景有何關連性。

至於這疑問的第二個部分，有各種方法可以評估。許多公司之所以對產品團隊進行每季事業檢討，目的在此。也有公司要求產品領導者每季深入了解每支產品團隊，報告每支產品團隊的現狀，以及採取了什麼行動去幫助陷入苦戰的團隊。

「我想確保我們的組織團結、有共識，我們必須確保產品、行銷、銷售、服務及營運等組織全都朝相同方向前進，並且協調一致。」

正是為了這種一致性，許多採行產品模式的公司使用 OKR 工具來

校準每年和每季的工作。

　　舉例而言，如果我們有新產品即將發布，必須保證行銷、銷售、服務及營運組織全都盡其職責來確保這些新產品的成功。

　　「董事會說我的投資分配不對，他們希望多投資銷售（因為銷售和營收直接相關），少投資產品（因為產品的營收定義不清）。我該如何為增加產品組織、而非銷售組織的資源辯護？」

　　如果確實建立了產品／市場適配，那麼增加銷售與行銷的投資通常是正確之舉。但是，很多公司誤以為公司有一定數量的員工，就代表已經達到產品／市場的適配。當公司實際上還未建立產品／市場適配時，投資於銷售與行銷通常缺乏效率，有幾個重要的 KPIs（Key Performance Indicators，關鍵績效指標）凸顯了這點，包括：花多少時間銷售以及銷售成本、從試用到實際購買的轉化率、顧客流失率。

　　在建立了產品／市場適配之前，你必須盡其所能地把更多資源聚焦在建立產品／市場適配上。

第39章

來自業務前線的異議

作者註：業務線經理是利害關係人，但他們不只代表一個功能領域，例如：財務、人力資源、行銷或法遵部門，業務線經理負責一個事業單位，可能是小事業單位，例如：一家電子商務公司的一位產品類別經理，也可能是大事業單位，其頭銜可能是這個事業單位的總經理。本章討論的許多問題跟第 38 章「來自執行長的異議」討論到的問題相同。

「我對這條產品線肩負盈虧責任，所以為何不讓我控管工程資源呢？」

毫無疑問，在產品模式中，業務線經理是一位重要夥伴，作用如同一家新創公司或快速成長公司的執行長。但是，就如同新創公司執行長仰賴產品與技術領導者，業務線經理亦然。

在實務中，跟新創公司的情況一樣，許多策略性決策是共同產出，例如：產品願景、產品策略、指出產品團隊應該達成的結果。

「領導階層期望我知道任何可能影響業務的情況，我需要知道即

將發生的事，如此一來，他們找我時，我才能能夠回答他們的疑問。我不想顯得好像我搞不清楚狀況。」

這不僅觀念正確，而且在產品模式中，領導倚賴消息靈通、聚焦於顧客、對資料有悟性、敬業的領導者。第 26 章「與高階主管合作」不僅解釋這能力為何重要，也說明該如何保持彼此的消息流通。

業務線經理必須盡量跟產品與技術領導者分享策略脈絡背景；產品團隊及產品領導者必須盡量跟業務線經理分享盡可能多的資訊，尤其是產品團隊在前線獲得的新洞察與學習。

最重要的是，產品經理及產品領導者必須幫助利害關係人了解他們的產品工作打算如何產生期望的事業結果。

「令我沮喪的是，產品團隊覺得他們需要重複做我已經做過的問題探索工作，然後才能開始研究解決方案。而且，因為重工的關係，太常導致團隊沒有時間做解決方案的探索工作。」

這種沮喪很常見，事後可以清楚看出，如果你當時至少讓產品經理和產品設計師參與探索問題的顧客互動，所有人一起探索與了解問題空間（對一個問題形成的所有情境與狀況），如此一來，產品團隊就能立刻展開解決方案的探索工作了。

今後，請與產品團隊坐下來分享雙方能分享的任何資訊，好讓他們能快速了解問題空間。向他們強調，他們必須了解問題空間才能為這些問題找到有效的解決方案，但也要提醒他們，顧客購買的是解決方案，因此他們必須有足夠時間找到優於市場上其他選擇的解決方案。

「我們必須更快速行動，速度很重要，我要如何使這些產品團隊有跟我一樣的急迫感呢？」

速度的確很重要，但在產品模式中，我們聚焦賺錢時間勝過問市時間，這也被稱為：側重結果勝過產出。如果團隊打造出顧客不想購買的產品，你將落入投資了很多、回收卻很少的困境。

產品探索的核心思想是快速、且不昂貴地弄清楚解決方案是否值得打造，亦即這是不是一個有價值、可用的、可行且可營利的解決方案。如果你的產品團隊不能以實際打造產品所需花費時間的 1 ／ 10 來測試產品構想，那就代表他們做錯了什麼。

「產品團隊拒絕在他們認為符合品質需求、且可以進行最後檢視之前，向我們這些利害關係人展示他們的早期原型。」

產品團隊和利害關係人建立信任之後，這種情況將有所改善，但任何能夠鼓勵早期互動的做法都有幫助。如果產品團隊認為你只對最後細節（例如：最後的顏色或字型）感興趣，他們會拒絕你，直到這些最後細節就緒為止，但如果產品團隊看出你不會被早期原型的視覺限制影響，能夠著重了解產品方向並提供深思熟慮的回饋意見，幫助產品團隊發現先前可能沒覺察的因素與限制，他們會很看重這些早期分享與回饋。

「我偏好事業團隊裡有一群能左右產品方案的人成為我的直屬部下。」

在先前模式中，利害關係人主導產品，IT 部門只負責打造與交付利害關係人要求的功能，這往往使得事業單位有雇傭形式的產品經理。這是可以理解的，因為 IT 部門沒有產品經理或類似的角色。

但在產品模式中，最不需要的就是組織重疊——產品組織中有產品經理，事業單位中有產品經理。通常，轉型為產品模式時，你會從

各種管道取得最優秀的產品管理人才，但切記，只需要為每一支產品團隊配置一位能幹、當責的產品經理即可，別分裂這個角色。

確實在一些案例中，如果有適任的領導者，產品經理同時**隸屬**業務線經理並由一位產品長管轄，這種模式行得通。但是，反對這種模式的主要論點是，應該讓你的產品經理**隸屬**擅長培養優秀產品經理的產品領導者管轄，鮮少業務線經理有時間或經驗去指導與培養他們的產品經理達到必要職能水準。

「這事業是我在經營，所以應該由我來研擬產品策略。」

最起碼，讓業務線領導者和產品領導者在研擬產品策略方面密切合作。也就是說，通常產品策略的研擬旨在全面檢視所有事業單位，致力於為整個企業創造最大價值。因此，產品領導者和每一個事業單位的領導者合作，確保他們追求對整個公司而言最好的機會，而非只是對個別事業單位最有利。

如前文所述，這需要信任及透明化。

第40章

來自顧客成功團隊的異議

「我們天天和陷入困境的顧客共事，我們身處前線，但產品團隊似乎不關心我們認為需要的東西。」

首先、也最重要的是，如果產品團隊確實不關心你的需求，這是一個嚴重問題，你應該立刻向產品領導階層反映此事。

話雖如此，你必須了解的是，產品團隊通常承受來自各方要求改善產品的壓力——來自顧客、來自銷售組織、來自行銷組織，來自營運組織，來自高階領導者等。因此，很可能產品團隊其實很關心，但在如此吵雜的環境中，他們難以聽到特定訊號。

遇到這種情況時，我們使用的一種方法是讓顧客成功團隊在單一一張清單上列出導致顧客痛苦的前十大嚴重問題。在許多組織中，這份清單可以從用以追蹤問題的工具來產生，但如果這份清單是根據你的主觀判斷所得出，那也沒關係。

這前十大清單對產品團隊是很大的幫助，因為他們知道，如果一個項目被列入這清單，就代表這是一個嚴重問題，他們不需要拿這問題跟其他問題比較與權衡。

你必須了解到一點，有時候產品團隊解決問題的解決方案可能不同於顧客或顧客成功團隊原先的想像，這是因為在許多情況下，「明顯的解決方案」有不為人所知的後果，產品團隊決定訴諸不同的方法。這很正常，也是有益的，只要能解決問題就好。

「我們用來服務顧客的工具很糟糕，這不僅導致我們的工作更辛苦，也影響我們的顧客。我們嘴上說應該照顧顧客，但到底要如何處理這問題呢？」

現在，可供顧客成功團隊使用的商業工具與日俱進，因此沒理由不使用。但是，也有商業工具不支援的領域，這可能就是此處談到的問題。

如果顧客的實際體驗受到影響，那麼你使用的工具應該被視為產品（縱使終端顧客無法看到這工具）。的確，有很多公司在讓產品團隊打造這些非直接面對顧客的產品方面未能達到期望水準，因此你可能必須說出改善這些工具的重要性。

「我們整天跟顧客交談，如果我們不知道產品將在何時及如何改變，我們怎麼幫助顧客呢？」

很頻繁、小規模、可靠的發布，其結果之一是產品經常修改，可能難以得知特定功能何時已經被部署，或何時能讓顧客看到。這過程本來就一直存在挑戰，但在持續交付的模式下，這問題更加嚴重。

為了應付這問題，產品團隊要先和產品行銷部門溝通，然後仰賴產品行銷部門去跟顧客、銷售部門、顧客成功團隊溝通那些已經可以讓顧客看到或是需要顧客改變行為的發布。SVPG 出版的著作《打造人見人愛的產品：如何重新思考科技產品的行銷》敘述了有效溝通的

幾種方法。

偶爾會有被忽略的漏網之魚，你必須了解為何發生這種情況以預防未來再次發生。但這種頻繁、小規模的發布模式主要好處是減少、甚至消除對使用者及顧客帶來顛覆性的改變。

「我們的產品組織推出產品實在花太長的時間了，所以我們的顧客成功團隊有自己的人為顧客創造解決方案。」

雖然，我們讚賞顧客成功團隊自行為顧客解決問題的主動精神，但這樣的解決方案最終不會理想，顧客很快就會以某些產品和一些訂製解決方案的混合方式運行，這種充滿拼湊混搭的使用方式支撐不了多久就會出問題，只要其中有些功能有新版本，相容性會導致那些混搭物無法運行。

如果你的顧客被迫混用獲支援的產品和未獲支援的產品這種半調子解決方案，你的顧客和你的公司都是輸家。正確的解決方法是改善產品組織和產品，這也是公司轉型為產品模式的原因之一。

第41章

來自行銷部門的異議

作者註：基於本章的目的，我們把各種行銷組織結合為一章，包括：產品行銷、實地行銷、企業行銷及品牌行銷。另外，本章很多的討論內容跟第23章「與產品行銷部門合作」相關。

「我們天天和銷售團隊互動，我們持續監視競爭情勢，我們對既有顧客和潛在顧客進行焦點團體座談會，我們跟所有主要的產業分析師建立關係。誰比我們更適合於定義我們追求成功所需要的產品呢？」

其實，二十年前的企業軟體公司就是這樣打造產品的。公司轉型為產品模式是因為先前模式的創新太少了，原因出在行銷部門、銷售部門、顧客，甚至產業分析師並不知道現在的技術可能做到什麼。

賈伯斯曾經高舉他的 iPhone 陳述這事實：

「就算你進行 100 場焦點團體座談會，也永遠不會得出一支iPhone。」現在，多數的行銷組織已了解這點。

話雖如此，行銷部門確實有很寶貴的資料及洞察，產品行銷經理致力於取得他們認為可能對產品經理及產品領導者的主管有價值得的

資訊。

「我們如何盡其所能地幫助產品團隊打造成功的產品？」

產品團隊仰賴組織裡的許多單位，這裡僅列出四個最顯而易見的夥伴：銷售部門、行銷部門、營運部門、顧客成功團隊。

產品行銷部門和產品團隊密切合作，尤其是在達到產品與市場配適度方面。但更概括地說，產品行銷部門做的是銷售賦能、宣傳、定位、福音傳播、成長等方面的工作，在一些案例中，產品行銷經理甚至內建在產品團隊裡。

不過，要切記一點，如果你相信公司必須修正產品才能解決問題，那麼你必須確保把所有可得的資訊提供給負責修改產品的相關產品經理的主管。

「行銷部門想要在產品完成之前宣傳產品的未來狀態，何時可以這麼做呢？」

會有適當、合理的時機可以在實際推出產品之前，對市場（以及董事會成員、投資人及潛在顧客）說明你的公司正在朝哪個方向努力。但是，你必須對此審慎為之，因為這很容易在新產品就緒之前，甚至是還未確實探索出新產品之前，造成你公司的既有產品自相殘殺，或是對你的產品團隊造成巨大壓力。

你也必須慎防產品團隊被行銷聲明與方向給框限，日後才發現這些不是你必須做的。

要領是，別在有證據證明行銷方向正確之前做出宣傳。不論做什麼都必須在產品主管、產品行銷主管及行銷長密切協調之下為之。

第42章

來自財務部門的異議

作者註：這章討論的很多內容跟第 24 章「與財務部門合作」相關。

「我們需要在支出方面有更大的彈性，我們希望能夠視事業結果來調整我們的技術投資。使用外包供應商的專案模式能幫助我們做到這點。」

「我們必須降低成本，外包工程師模式的雇用成本明顯低於建立自家工程師的雇用成本。」

如果你看的是平均每位工程師的雇用成本，你往往會發現，外包模式看起來較便宜。但是，如果你看平均每支產品團隊的雇用成本，結果恰恰相反。

規模較小的團隊通常表現明顯優於人數較多的外包團隊，這跟涉事人員的相對效能無關，而是角色與工作關係導致的結果。

如果你不是檢視專案，而是檢視達成的事業結果，你會發現，外包模式其實明顯更昂貴。事實上，多數外包接案的公司或接案人甚至拒絕簽約負責結果。

前文曾談到，當你打造產品時，主要有兩個價值源，其一是你打造出來的東西，其二是在打造這東西時所獲得的知識與學習。當打造東西的人持續異動、至多只是在接單辦事層次作出貢獻時，你將不會獲得學習方面的價值。

在一些情況下，使用暫時雇員是合理的，例如：為了特定的整合工作，或是像次數自動化之類一陣子突發的大量工作，但一般來說，如果技術必須成為公司的核心能力的話，這個領域必須由自家工程師內部供應。

概括地說，公司必須了解，團隊穩定性對於生產力和士氣是很重要的因素。不斷轉換團隊的人員必須學習各團隊的技術、問題與解決方案空間、顧客問題等，這可能很昂貴且具有破壞力。通常，最好是能擴大每支產品團隊的範疇，把工作指派給產品團隊勝過把人員調動去執行新工作。

「在年度規畫時，我們必須辨識這一年的潛在專案，了解每一個潛在專案將需要花多少錢，如此一來，我們才能決定要撥經費給哪些專案，執行哪些專案。」

「我們必須對我們的錢負責，我們需要知道資助的每個專案將獲得多少報酬，否則我們怎麼可能知道什麼是好投資，什麼不是呢？」

這論點絕對有理，但你大概已經知道，你以前據以提供經費的事業成本效益分析實際上在預測報酬方面非常不可靠。事實上，很少財務部門嘗試要求負責人員對他們的承諾當責。

正因如此，產品團隊學到的最重要教訓之一，就是必須知道他們不知道什麼。在技術工作方面，你很難知道一項工作將花多少錢，更

難知道將產生多少的實際營收，因為這完全得看打造出來的解決方案有多好，以及顧客是否選擇使用或購買它。

你可能也注意到，科技業的專業投資者——創投家——也身處相同處境。創投家處理這些未知數的方法是，對那些正在做產品探索工作的公司投資小額資金（種子基金），對於那些已經做出一些成績（明顯進展）的公司，他們投資得更多。

概括而言，在產品模式中，不是撥經費給專案，而是撥經費給產品團隊，並要求產品團隊對產品結果（事業結果）當責。

「我們如何要求產品團隊為他們致力達成的結果當責？」

一般來說，你指派每一支產品團隊負責解決一個或多個重要問題，然後你辨識評量成功的關鍵指標。你也告訴產品團隊，你希望他們在追求解決方案時有多保守或多積極，這是產品領導者研擬產品策略中的一部分。

有些產品團隊被要求達成的數字可能保守到幾乎確定能夠達成。有些產品團隊被要求更勇於冒險，所有人都知道他們不太可能在這一季完成任務。當責制取決於你要求團隊對達成結果的確定程度。

概括而言，每一支產品團隊都在更大的產品策略做出貢獻，你要求產品領導者為這產品策略的結果當責。產品領導者基本上是下一系列的賭注，他們在季末或年末時的成功或失敗，主要是看他們瞄準的整體事業結果。

不論如何，當有一支產品團隊明顯未能實踐承諾時，最起碼你要進行事後驗屍，檢視原因及可能的矯正措施，防止未來再發生這問題。

「我們必須能夠根據事業需要在各項工作之間調動資源，以便充

分利用資金。」

這論點聽起來有理，但實務上，要跟進一組新技術、了解新類型的顧客、建立新的工作關係都需要花非常多的時間，調動資源是缺乏效率的資金使用方式，也會大大降低團隊達成結果及創新的能力。

我們傾向擴大每支產品團隊（不是專案團隊）的工作範疇，如此一來，產品團隊就能做跟他們負責領域相關的所有專案及功能工作。這種方法有助於維持產品團隊的穩定性，有效的利用他們增長的專長與效率。

「我們必須看到每季持續的積極進展，才能知道我們將繼續資助哪些工作。我的職責是監視這些進展並施加紀律。」

這聽起來也有理，但技術驅動型產品的曲線有不同的形狀。有經驗的產品領導者把管理產品團隊的工作當成下一系列賭注於特定技術、特定人員、特定技能組合及特定資料，每季根據上一季的進展作出調整。

「我們嘗試從會計角度來看待產品探索，這是研究工作嗎？抑或只是產品發展的定義與設計階段？」

產品探索並不是研發工作。產品探索是產品發展流程中不可或缺的一部分，類似先前模式中的「定義與設計」。產品探索具象化接下來幾週要打造與交付的工作。當需要真正的研究時，將在產品探索工作之外進行。

第43章

來自人力資源／人力營運部門的異議

「這些新職能對我們公司非常具有顛覆性，有很多人的職務不再適用，其他人的職責範疇大大改變。改變職務分類可不是小事，而且涉及相當大的成本。我們寧願用現有人才來維持既有的職務分類。」

「我們有很多人的職務接近技術性質，所以與其招募產品經理，我們就不能只改變他們的頭銜為產品管理，讓他們接受相關訓練就好嗎？」

我們了解經理的職務變革可能具有顛覆性，可能昂貴，我們也了解用以往的頭銜來看，職務上的差異性可能微不足道，但這往往是轉型失敗的一大原因，我們這麼說有其理由。我們從未見過一家堅持利用現有人員和職務分類而能成功轉型的公司。

此外，你必須認知一點，不是所有人員都想擔任產品經理這個新的角色。這是一個非常吃力的角色，尤其是跟產品負責人和商業分析師的角色相比的話。

也就是話，如果（必須說，這是一個可能性不是很大的「如果」）你有經理人願意且能夠做必要的教練指導工作、如果你有熱愛學習的

員工，那我們的第一選擇是嘗試教導及發展這些人。原則上，一位能幹的經理人應該能用三個月時間把一個還算合適的產品經理人選訓練成勝任者，如果經過三個月的認真努力，此人仍然無法做到產品經理必須做的事，你就必須為此人另覓職務，並為產品經理職務尋找替換者。

「我們已經有年度績效評量了，現在我們被告知需要推行持續評量和教練指導計畫，這不是多餘且要多花錢嗎？」

持續評量和教練指導計畫的目的是幫助員工學習在產品模式中所需技能，這是一級經理人的首要職責，也通常是經理人的主要責任。是的，這很花錢，但如果你的員工不懂如何在他們的工作上取得進展，那代價同樣昂貴！

值得一提的是，大力投資在訓練與指導的公司，其員工留任率較高，而且能夠以較低成本招募更多剛踏出大學校門的人。

「我們已經有新員工入職訓練方案了，為何還需要另外針對產品組織人員的入職訓練方案？」

通常，這是兩種涵蓋非常不同主題的入職訓練方案。所有新進員工都能受益於公司的入職訓練方案，但產品組織人員需要專門針對職務的訓練及教育。

「我們有調薪及升遷的年度預算，但現在，我們談論的是激勵經理人努力讓他們的部屬晉升。我們要如何生出這筆預算？」

在產品模式中，能夠承擔更多職責（尤其是解決特別棘手的問題）的員工為公司創造極大價值，尤其是產品經理、產品設計師及工程師。晉升更多確實有資格的人是公司值得去解決的問題。

經理人告訴他們的部屬，其職責是幫助部屬發展與進步到有資格獲得晉升，而公司必須先備妥職務與加薪才行。

「我們希望每位員工有個人的 OKRs。」

公司裡大多數職務可以有個人的 OKRs，但產品團隊成員——尤其是產品經理、產品設計師及工程師——不同，你必須激勵他們以團隊方式通力合作去解決相同的問題、有相同的成功評量指標。為此，主要方法之一是指派 OKRs 給整個產品團隊，而非指派給個別成員。

如果你仍然想要每一個人有個人目標，最好是放在針對個人的教練指導計畫裡。

第44章

來自資訊長的異議

「我出身的學派認為技術的存在是為了服務事業，事實上我對於自己滿足事業需求的能力感到自豪。我不知道轉型會給我帶來什麼後果。」

轉型為產品模式基本上是從把技術視為成本中心，轉變為把技術視為利潤中心。我們共事過的許多資訊長會擴展他們的技能來承擔這更大的角色（有時候，他們的頭銜結合了技術長／資訊長），但這些是熱中作出此改變的人，事實上在幾個案例中，他們是推動產品模式轉型的人。

這裡必須指出，產品模式並非只是關心顧客直接互動的那些技術，通常也涉及大量的幕後技術工程——平台服務、顧客賦能工具、內部工具。我們知道有些資訊長不想改變，但在這種情況下，他們將繼續做供應商管理和運行事業系統的純粹 IT 工作，另由他人負責領導更大範疇的產品工程工作。

舊模式和新模式在技術方面當然有一些相似性，但二者也有一些重要差異：產品工程組織主要工作是打造產品，純粹的 IT 組織主要工

作通常是整合供應商供應的系統（採購進來的系統）。兩種模式的系統在可擴展性及效能要求方面可能也有顯著差異：IT 支援數百或數千個使用者，產品工程支援的使用者數量通常大十倍、百倍，甚至千倍。這些差異性通常導致工程職務說明和薪酬等級上的差異性。

另一個很重要的差異是，純粹的 IT 模式鼓勵外包，因為 IT 不是公司的核心能力，但在產品工程模式中，把工程工作外包通常注定你的公司將沒有創新。

「我現在是資訊長，但我想領導轉型為產品模式的變革行動，我想把我的角色擴展為技術長。我可以在何處獲得更多的學習呢？」

一些優異的產品與工程領導教練能幫助你應付這個過渡期。也有優異的技術長訓練營，專門分享最佳實務和最新方法。

第45章

來自專案管理辦公室的異議

作者註：專案管理辦公室基本上是一個專案管理部門，具有高階層級的能見度。

「我的了解是，許多大型的產品模式公司有一個專案或計畫管理部門，他們在產品模式中扮演什麼角色？」

大型公司不僅有專案或計畫管理部門，而且這部門在公司發揮關鍵作用。打造大而複雜的產品時，尤其是打造生態系類型產品時，涉及許多層面，有大量的依賴性及阻礙，專案管理辦公室的角色是管理這些依賴性。問題不在於角色，問題在於公司提供這角色背後的企業文化。

當專案管理辦公室在「報告專案狀態」的偽裝之下，去灌輸及實行「指揮與控管」文化時，問題就來了。

當專案管理辦公室的存在是提供僕人式交付管理時，他們為產品團隊提供追蹤依賴性及移除障礙的服務，但以授權賦能而非消權的方式處理這些事。

「我出身的學派認為可預測性很重要，我們必須聚焦在實踐我們所言及何時兌現。要打造什麼東西我們交給事業領導者決定，我們聚焦於當個可靠、值得信賴的機器，執行被要求之事。」

這番話是舊模式的一個好摘要，但在產品模式中，聚焦點不再是可預測性，而是創新。唯有在交付公司倚賴的價值之下，可預測性才重要。因此，產品模式是基於很不同的目標與優先要務，通常側重的是賺錢時間，不是問市時間。

這也是專案管理辦公室往往在轉型為產品模式時難以調適的原因。在許多公司，專案管理辦公室的人員能夠作出文化變革，成為有能力的交付經理，但在其他公司無法做到的人會離開。

這是轉型過程中比較棘手的情況之一，因為在多數情況中，團隊成員就是做好分內工作，只是如何做的方式有所改變，但對於專案管理辦公室而言，更涉及了與產品模式高度不相容的文化與流程觀點。

「如果我們不再扮演計畫管理的角色，那我們該做什麼？」

通常，在轉型為產品模式時，專案管理辦公室轉變為交付管理的組織，工作內容聚焦於僕人式的專案管理和移除障礙。只要有正確的心態和技巧，交付管理對組織非常有價值。

舊式專案管理辦公室被視為「工作」執行者，交付經理的角色是服務產品團隊，產品團隊則是以對事業有效益的方式服務顧客。

但請務必小心，專案管理辦公室的人員必須確實了解、且擁抱這種差異，而非只是耗時間想等著回歸舊模式。

第46章

來自產品組織內部的異議

作者註：基於本章的目的，這些異議來自更廣大的產品與技術組織——產品管理、產品設計、工程、產品營運及產品領導。

「如果我們並不管控交付結果的所有必要人員，包括：銷售、行銷、服務等部門，那我們如何能夠為結果當責呢？」

這是很常見的異議，也很能理解。處理這問題的方法是，聚焦在大致上由你控管的產品結果 OKRs，但你必須小心以對，因為產品團隊對產品的成功肩負一定責任。OKRs 的原本用意就是要鼓勵產品團隊走出辦公室去了解需要改變什麼：是行銷那邊有問題嗎？是銷售那邊有問題嗎？是行銷工具問題嗎？抑或產品本身未能符合顧客環境的需求？

你這麼想：全公司裡有誰比產品團隊更有能力去影響產品？想想那些生計仰賴銷售產品、但對實際產品近乎毫無控管權的銷售人員吧。

「發布具有必要品質水準的東西對我們來說很昂貴，我們怎麼可能負擔得起更頻繁地發布呢？讓更多人去解決問題未必就能加快流程，

反而有可能減緩速度呢。」

的確，為做到更小規模、更頻繁的發布，癥結點鮮少在於投入多少人，絕對在於要更聰敏，而非更賣力地工作。工程圈有句話是這麼說的：「要是感到痛苦，就更頻繁地做，你的痛苦就會明顯減輕。」如果你是每月發布一次，你會感到痛苦，但如果你逼促自己做到每週發布，甚至每天發布，你將被迫投資於測試及發布的自動化，很快地，你就不會再有痛苦了。

《ACCELERATE: 精益軟體與 DevOps 背後的科學》（*Accelerate*）一書深入探討這個理論——為何頻繁發布既能做得更快，又能獲致更好的品質。❶

「我們屬於受管制的產業，不被准許對顧客測試我們的點子，也不被准許如此頻繁地發布。」

「我們屬於受管制的產業，必須合規且負責地遵循制式流程。」

許多受管制產業的公司以為他們的營運受到特定的限制，但實際上，相關法規中並未陳述這些他們以為的限制。確實有不同的規範，你必須閱讀相關法規，再跟你的法務及法遵人員相談，以便了解確切的限制，而非逕自按照往常的做法。但是，我們經常讓客戶簽署文件，指出他們了解且同意進行的實驗版本。事實上，如果你真的關心顧客，要把他們倚賴的技術做得可靠，那你就必須小規模、頻繁的發布。

但一般來說，產品團隊能做的事情遠比他們以為的要多。

---

❶ *Accelerate: The Science of Lean Software and DevOps: Building and Scaling High Performing Technology Organizations* by Nicole Forsgren, Jez Humble, and Gene Kim (IT Revolution Press, 2018).

「我們沒有時間測試產品構想，我們只需要編程和交付。我們可以接受讓利害關係人決定他們想要我們做什麼。」

如果這種模式很奏效的話，你就不需要產品模式了。諷刺的是，這種異議通常來自工程師，但在頂尖產品公司，工程師知道他們是主要的創新源頭，他們不僅關心如何打造產品，也同等關心打造什麼產品。

你的工程領導者需要主動積極地指導各團隊的工程領導，以確保工程師們了解這點。

「我們有一些工程師只想被告知要打造什麼，這樣的工程師能待在產品團隊嗎？」

簡短的答案是：能。但是，你必須確保至少產品團隊的工程領導（工程組長）不僅關心如何打造產品，也同樣關心打造什麼產品。至於團隊裡的一些工程師只想被告知去打造什麼，那不要緊。

較長的答案是：採行產品模式的公司了解工程師是創新的關鍵人物，因此他們聚焦於招募不想只是被告知要打造什麼的工程師類型。

「如果我們對實際使用者測試我們的產品構想，那我們的競爭者就會得知我們正在打造什麼。」

首先，進行產品探索的公司最終只會實際打造產品構想中的一部分——那些測試結果不錯的構想。因此，那些人無法得知結果，以及你們決定做什麼。其次，如果你仍然對此感到緊張，你可以讓使用者簽署保密協議。

「如果我們在產品探索過程中向顧客展示某個產品構想，而他們也對這構想感到興奮，但最終我們決定不打造它呢？」

這有可能，你應該向測試對象解釋，你只是想學習最佳解決方案可能是什麼。但一般來說，你做測試是為了使你能夠為顧客交付有價值的解決方案。

「在做產品探索時，我們有時會發現比我們被指派去解決的問題更能發揮我們能力的領域，我們為何不能轉而去追求這更大的機會呢？這不就是被賦權產品團隊應該做的事嗎？」

首先，如果你們發現一個重要的新機會，你們應該稟報直屬領導，這機會實際上有可能是產品策略接下來應該聚焦的地方。

但是，現行的產品策略可能仰賴你們處理被要求解決的問題，因此你們不可以逕自改變目前正在做的事。賦權並非指你們可以任意做你們喜歡或想做的事，賦權指的是針對你們被指派解決的問題提出最佳解決方案。

「我們盡最大努力去取悅所有各種利害關係人，但似乎不可能滿足他們的所有需求，同時又交付我們期望達成的結果。我們感覺團隊注定失敗。」

的確，有時候為所有各方解決問題、滿足所有各方需求真的特別難。本書中陳述的創新故事凸顯了這點，你可以看到那些團隊如何歷經這類衝突。不過，一支產品團隊通常有一個或至多兩個被指派解決的問題，外加他們為了維持運營而必須持續做的工作。如果你仍然感覺注定失敗，你必須和你的經理討論。別忘了，在團隊目標中，產品團隊說了他們認為可以達成的事，因此你其實相當大程度地對這些目標有所把握。

「我們想做的太多事情仰賴其他的產品團隊，但我們無法控管他

們的優先順序。就算是小事也需要太多的協調工作，這種狀況根本不覺得我們被賦權了。」

這是團隊拓撲設計不良的常見結果，也是大量技術負債的一個常見後果。不過，既然這種問題很常見，就必須討論現在該如何處理這種狀況，同時也處理你們的技術負債，並考慮對你們的團隊拓撲作出更大的改變。

首先，考慮擴增產品團隊規模的可能性，因為數量較少的大規模團隊往往令所有人更有被賦權、更自主的感受。

其次，對於這種情況，交付經理可以幫得上忙，他們能幫助追蹤各種依賴性及障礙，可能的話，他們也幫助解決這類問題。

最後，你或許可以考慮擴大使用平台團隊。平台團隊模式確實會形成明顯的依賴性，但這些依賴性較容易管理，而且通常最終會大幅減少依賴性的總數量。這往往也是將必要的技術負債平移至別平台的必要一步。

「我們不太了解我們被容許作出哪些決策，哪些決策應該以建議方式提出來獲得同意，哪些決策必須完全由上級核准？」

這應該是在每週一對一指導中向經理提出的常見詢問，如果未能做每週的一對一指導，那才是更嚴重的問題跡象。

一般來說，考慮決策時你們會談到風險與後果。這決策涉及什麼風險，如果犯錯的話，後果是什麼？在許多情況下，決策後果如果輕微且可逆，這類決策通常由團隊處理。

決定決策輕重的一個簡單又實用方法是亞馬遜的單向門與雙向門比喻：單向門決策是指後果不可逆的決策，雙向門決策是指後果可以

容易地逆轉的決策。

「有時候，我們整個產品團隊對於最佳決策無法達成一致共識，這種歧見情況該如何解決？」

首先，這種情況很正常，甚至是團隊健康運作的跡象——產品團隊內部有不同意見，而且心理有足夠安全感去提出不同意見。

如果這決策跟特定專長領域有關，通常是聽從有此專長的人。如果此人未能化解爭議，通常解決方法是進行快速測試，一起找到最佳解答。

如果你不確定的話，你可以在每週一對一指導中跟經理討論這個特定情況。

「我們需要一個中央角色去控管我們的所有承諾、所有的依賴性，以及期望交付日期。如果我們沒有專案管理辦公室的話，要如何處理這些工作呢？」

很普遍的做法是由工程主管評估及核准所有的高誠信承諾，因為最終受到影響的是他們的聲譽。至於依賴性的追蹤及期望交付日期，你應該有交付經理幫助你處理，他們也幫助移除妨礙交付的阻礙。

「某個產品團隊一再抱怨他們的大部分或全部時間都花在那些為了維持運營而必須持續做的工作（keep-the-lights-on，後文簡稱 KTLO）上。」

很不幸地，這個問題很普遍、很真實。有幾個要考慮的因素：KTLO 工作的實際量有多少？這是長期存在的問題，抑或只是暫時性的問題？這是一個平台團隊（賦能其他產品團隊的團隊），抑或是體驗團隊（直接面對顧客的團隊，或是賦能顧客的團隊）？

這團隊有多少比例的時間投入於 KTLO 工作？（對體驗團隊來說，至多 30％算正常；對平台團隊來說，至多 50％算正常。）

如果這是一直存在的問題，如果平均投入時間超出上述比例，那麼通常解決方法是在此團隊中增加一名或更多名工程師，使投入於 KTLO 工作的時間比例降低。

如果無法在團隊中增加工程師，那麼由於 KTLO 是不能選擇、必須做的工作，你必須減少團隊的非 KTLO 工作量。這麼做會對團隊士氣和追求事業結果造成負面影響，但直到找到其他支援之前，這可能是無法避免的。

「有些工程師認為，逕自打造東西進行測試會比較快。」

有時確實如此，當打造出來的東西奏效時更是如此。但是，通常抱持這種看法的工程師並未受過快速打造可供測試原型的現代技術訓練。不過，如果團隊技能熟練、如果工程師打造在市場環境中部署的內容比在產品探索階段打造原型的速度還要快，而且工程師接受付諸測試後發現這產品構想行不通就必須把那些程式丟棄的話，那就讓他們這麼做吧。

「工程師們抱怨產品經理和產品設計師沒有讓他們參與產品探索工作，只是在最後告知他們要打造什麼。」

這也是常見的問題之一，不僅導致降低工程師的士氣，更嚴重的問題是導致產品缺乏創新。我們鼓勵工程師先直接跟產品經理及產品設計師討論這問題，如果還是行不通的話，就必須把這問題上升到產品領導者那裡。

「這產品團隊抱怨他們被要求所有工作都要提供一個交付日期。」

通常，施以一些紀律就能矯正這情況。首先，務必讓所有人知道，提供日期時必須遵守一定的程序，這程序名為「高誠信的承諾」，需要工程技術組長及其他工程師投入時間。

其次，務必讓所有人了解，執行這些高誠信的承諾需要時間，而且交付日期將伴隨機會成本。

第三，致力於教育全組織，何時真的需要一個交付日期，何時不需要。向全組織說明高誠信的承諾是例外，絕非常態。

「團隊受困於太多的技術負債，以至於就連小項目也變得很複雜，嚴重打擊士氣及結果。」

這是很嚴重的問題，需要高階產品與技術領導者跟高階主管團隊一起研議出一份復原計畫。專業顧問公司能幫助你制定從技術負債深淵脫離的計畫，但執行過程仍然相當痛苦，許多公司沒能擺脫這困境。

這問題要討論的事項太多，但通常需要歷經 1 到 2 年才能使技術負債水準恢復正常，前提是一切執行得順利得宜的話。

「團隊認為，在打造產品之前沒有時間去實際測試風險。」

在產品模式中，我們通常不太談論問市時間，主要談的是賺錢時間。換言之，最重要的是達成必要的結果。如果你不在打造之前測試風險，你很可能花了幾個月打造出最終無法達成必要結果的東西，屆時，你必須再重複相同的週期，而且通常得重複多次。

相反地，不使用產品來測試（多花幾週或幾個月），使用原型來測試（只需花幾小時或幾天），通常可以使你更快達到賺錢時間。

一般來說，很多時候產品團隊甚至可以在產品探索的頭幾個小時就知道解決方案是不好的、不值得打造的，這可以大大省下浪費的時

間與心力。值得一提的是，如果不做產品探索，團隊必須花時間和金錢去打造解決方案，最終卻發現這些時間和金錢白白浪費。因此，大多數有經驗的產品團隊會說，你不會沒有時間考慮及測試風險，因為不這麼做，你浪費的時間遠遠更多！

「產品探索工作和產品交付工作失衡，要不就是探索工作無法跟上，要不就是交付工作無法跟上。」

產品團隊暫時失衡很常見，可能暫時失衡 1 或 2 週，但如果這種失衡情況持續存在，通常意味著工程師人數太少或太多。

如果工程師沒空參與探索工作（產品待辦工作清單上有太多工作），這通常是工程師人數太少的跡象。如果探索工作沒辦法讓所有工程師參與，這通常是工程師人數太多的跡象。

「團隊因為人員遠距工作而陷入困頓，工作通常花太長時間，團隊成員缺乏歸屬感，心理安全感低落。」

許多產品團隊因為遠距工作而陷入困頓，兩種方法有助於改善這種情況：

第一、安排每季至少一次所有團隊成員聚在一起工作。選擇地點沒那麼重要，親自到場一起工作的持續及頻率比較重要。

第二、對陷入困頓的人增加一對一指導次數。考慮每週 2 次一對一指導，每次 30 分鐘。

「工程領導者總是根據每週或每月的需求，在團隊之間調動工程師，未能了解存續性質團隊的重要性。」

這種現象的確有可能是因為產品或工程領導者不了解團隊穩定性或存續性的重要性，但更可能的是團隊拓撲設計不良所導致。

如果產品團隊的工作範疇太窄，團隊就會因為規模受限而陷入麻煩。最好是有規模較大、範疇較廣的產品團隊，讓各產品團隊自行考慮與決定如何調動成員的工作，而不是在團隊之間調動人員。

「我們有很多人未涵蓋在產品模式職能中，包括：產品負責人和商業分析師，要如何把他們放進產品模式？」

簡單來說，無法把他們放進產品模式裡。產品模式的產品團隊沒有這樣的職能。產品負責人是一個角色，不是一個職務，這個角色由產品經理擔當。在產品模式中，商業分析師的職責有部分轉移給產品經理，有部分轉移給產品設計師。

第47章

創新故事：凱薩醫療機構

馬提評註：很多人認為，在受管制的產業、大型複雜的組織、有很多利害關係人的公司實際上不可能創新。我喜歡本章分享的例子，因為這例子證明這些人的想法是錯的。雖說轉型不容易，但只要有適任的領導和適當的動機，創新絕對是有可能的，看看這個例子就知道了。

公司背景

凱薩醫療機構（Kaiser Permanente）是美國最大的非營利保健及醫療保險組織，服務超過 1,200 萬名病患。凱薩醫療機構的數位組織在 2019 年展開轉型為產品營運模式的大規模行動。

該組織組成一支數位產品與技術團隊，起初聚焦於重新想像病患的保健旅程，簡化病患的數位保健體驗。他們圍繞著病患的保健旅程來建立各支產品團隊，這些團隊把人工作業流程予以自動化，並簡化數位體驗，使得病患滿意度提升，更好地遵循醫療與照護計畫，並改

善營運效率。

推動轉型不到一年，新冠疫情爆發。幾乎在一夜之間，由於公共衛生緊急狀態和親自醫療照護的重大限制，凱薩醫療機構的醫療照護方案不得不改變。

需要解決的問題

該公司提供特定的遠距醫療已經有數年，但既有的遠距醫療解決方案有一些基本限制。

既有的遠距醫療服務只在正常營業時段提供，非正常營業時間病患必須親自前往緊急護理中心和急診室。而且，病患只能在他們的住家所在地區安排遠距醫療服務約診，不能在非住家所在地區獲得遠距線上醫療服務。

技術、法規、臨床、作業等層面的種種限制結合之下，該公司的許多市場未能一致地提供遠距醫療服務。在疫情期間，醫療照護服務很可能進一步出現落差。凱薩醫療機構急迫地需要一種方法來擴展其醫療照護服務交付方法，使病患能夠獲得他們需要的保健服務。

公司需要技術驅動型解決方案，讓病患不論身處何地，不論有無能力前往醫療場所，不論一天當中的任何時間，都能適時、適當地獲得醫療照護服務。

這個行動名為「現在就醫」（Get Care Now），為病患提供單一的全國性全天候隨需線上保健解決方案。

找到解決方案

凱撒醫療機構的產品組織了解，這其中涉及顯而易見的產品風險。優先要務與動機是在疫情導致健康風險提高的期間，滿足病患的醫療需求。

從病患的角度來看，這涉及重要的可用性風險，因為病患對技術的舒適度不一，而且在需要醫療的期間，他們本身可能也相當緊張。病患必須了解如何使用新服務，也必須改用新服務，而非採行他們熟悉且自在的舊方式──親自前往診所或急診室。

從保健服務人員（內科醫生及醫療人員）的角度來看，這些臨床醫生需要學習與了解這種新的醫療途徑，確保他們能夠在遠距醫療之前、過程中、之後交付必要的病患體驗。除了臨床醫生為病患提供的實際體驗，也存在很特定的醫療、法規、法遵及營運需求。

由於線上醫療對病患及臨床醫生而言是新體驗，產品團隊必須了解這兩方在線上互動時的期望及行為。例如：病患為了看診願意等候多久的時間？哪些狀況最適合線上看診，哪些狀況需要親自前往醫療場所檢查？

產品團隊和臨床醫生跟營運部門密切通力合作，探索可能的解決方案，找到能滿足病患及醫療人員的需求、同時也符合營運及法遵需求的方法。

為了使病患覺得新服務簡單且直覺，也要避免長時間等候，產品團隊必須解決營運層面的一些很複雜的挑戰，例如：確保特定地區市場有合格執照的醫生可提供遠距醫療服務。在基礎設施方面，公司必

須確保臨床醫生有必要技術可以從醫療辦公室或自己家中上線與病患互動。

產品團隊和臨床醫生跟營運部門併肩合作，辨識跟臨床醫生相關的重要營運限制，以及如何記錄醫療互動情況，讓不同的臨床醫生可以易手處理病患。此外，有關於疾病嚴重程度、分類、評估與記錄的臨床醫學規則，也要指出並融入病患和臨床醫生的體驗裡。

找到重要解決方案的關鍵是，產品團隊和該公司每一個地區市場的臨床醫學及營運團隊密切合作。產品團隊使用持續構想及快速測試來趨同於滿足每一個關鍵方需求的解決方案。

隨著逐一解決許多營運問題，產品團隊聚焦在其他技術的可行性風險，在整合看診時間安排系統、醫療健康記錄系統及臨床醫學工具方面存在重大挑戰。此外，由於病患超過 1,200 萬名，解決方案也必須具有高度可擴展性。有關於臨床醫學產能、看診時間安排及病患健康資訊的資料必須擷取與匯總，以支援「現在就醫」服務。

產品團隊相信他們已經找到、並且驗證了一個能夠應付許多產品風險的端到端解決方案後，他們打造及測試產品品質，開始逐漸地在所有既有市場推出這個解決方案，後來推廣至全國。

了不起的是，從開始到在該公司的所有市場推出「現在就醫」服務，這過程僅僅花了四個月。在部署這新體驗後，系統開始收集來自病患和臨床醫生的使用資料，三個月後就推出及部署了下一個迭代。

結果

自從完全推出「現在就醫」服務之後，凱撒醫療機構的病患在全

美各州可以全天候地在線上獲得醫療服務。

最重要的是，會員病患滿意度高達 9.6 分（滿分 10 分），淨推薦值（net promoter value）高達 88％。使用這項服務的會員病患中有超過 36％在非正常營業時段（傍晚 5 點至早上 8 點）使用，減少許多一般來說會前往急診室的病患，從而減輕急診室的負荷。

太多人以為，在保健業之類受管制的產業不可能做到這種程度的技術驅動型創新，不論給予多少時間都不可能，更遑論在短短幾個月內就做到。

凱撒醫療機構向自己、他們的高階領導層及他們所屬產業展現這種能力，並且為他們的病患及許多敬業的醫療人員創造高價值。

第11篇

結論

　　本章旨在把截至目前所有的討論重點連結起來，包括在成功轉型案例研究中看到的共同主題。

第48章

成功轉型的要素

本章分享我們認為有效且成功轉型的要素。本書已經討論了這些重要概念的每一個，我們敘述的所有內容都是為了提高成功的可能性，但不是所有東西都同等重要。本章聚焦於我們認為提高成功可能性最重要的十個要素。

1. 執行長的角色

理論上雖然不是不可能，但沒有執行長的積極支持，極難成功轉型。看看這十大要素清單上的其他要素就能明白原因。

要強調的是，我們說的可不是執行長決定指派一位領導者負責數位轉型。這個常見的錯誤非常容易導致全公司繼續我行我素。

要了解，雖說產品管理、產品設計及工程是轉型的核心，但受到轉型的影響，遠非只有產品組織。通常，財務部門、人力資源部門、銷售部門、行銷部門、顧客成功團隊、事業營運部門等也需要徹底變革，有時候這些部門的變革需要執行長涉入。

概括地說，執行長必須成為產品模式的福音傳播長。

2. 技術的角色

在最根本層次上，一個成功轉型使技術角色從一項必要的成本轉變為事業的核心賦能者。這種心態影響近乎方方面面——從技術如何獲得經費到團隊的人員配置，以及技術是否被視為公司的一個核心能力，抑或是可以被外包的職務。

3. 優秀的產品領導者

假設轉型行動獲得高階領導層的必要支持（這可是一個很大的假設），那麼轉型是否成功，一切都取決於優秀的產品領導者。確切地說，這些人領導產品管理、產品設計及工程，所以產品領導者的重要性再怎麼強調都不為過，這些人為後續的一切負責與當責。

你必須確保公司有經驗豐富、懂得如何在產品模式中有效運作的產品領導者，要不然，最起碼必須有產品教練指導及幫助他們歷經接下來的轉型工作。

4. 優秀的產品經理

被賦權的產品團隊仰賴能幹稱職的產品經理。在大多數試圖轉型的公司，縱使他們目前有頭銜為「產品經理」的人，那也不是產品模式需要的產品經理，產品模式中的產品經理是一種新職能。

雖然，公司通常有頭銜為「產品經理」的人員，但這頭銜可能誤導他人，因為產品團隊對產品經理的要求非常不同於功能團隊的產品經理。這職位非常需要經驗豐富的產品領導者，他們必須研判哪些人

更適合其他職務，哪些人經過指導與訓練後有潛力成為真正的產品經理。產品經理是利害關係人真正的合作夥伴。

坦白說，產品經理的素養應該優秀到使高階領導團隊相信，每一位產品經理是潛在的公司未來領導者。更坦白地說，為了使產品領導者遴選及發展出優秀的產品經理，應該根據產品領導者屬下能力最薄弱、最差的產品經理來設定評量標準。

產品經理不是一個小角色，這位子需要優秀人才，產品經理必須對你的顧客、資料、你的事業、市場與技術有深度了解。

5. 專業的產品設計師

產品模式讓使用者及顧客更貼近產品團隊及公司，產品設計師的技能可以幫助你設計出顧客喜愛的體驗，因此設計師從以往的輔助角色提升至跟產品經理和工程師一樣的核心角色。

6. 被賦權的工程師

被賦權的工程師是持續創新的引擎。有效的產品模式轉型工作中有很大一部分是賦能及鼓勵真正被賦權的工程師。

如果我們在本書中說得還不夠明顯的話，那就在此坦率地再次強調：如果你使用外包工程師，那你就沒有被賦權的工程師。我們不是叫你把工程師當偶像來崇拜，而是要你讓他們走出地下室，把他們置於產品團隊中非常重要的地位，讓他們為你面臨最棘手的問題提出解決方案。

7. 洞察導向產品策略

產品策略的目的是，決定哪些是最重要且必須解決的問題來達成公司的目標。

還未轉型為產品模式的公司大多從未研擬過產品策略，這是因為他們的策略是為了服務盡可能更多的利害關係人，當然啦，那根本不是策略。但是，根據量與質性的洞察研擬出有效的產品策略，這不僅是善加利用公司人才的關鍵，也是從你的技術投資獲得最大效益的關鍵。

產品策略由產品領導者研擬及負責，這就是為什麼必須有優異、經驗豐富的產品領導者。

8. 利害關係人通力合作

成功轉型最重要的層面之一，是重新定義產品組織和事業各部門單位之間的關係，這個層面棘手的原因在於，這改變了許多重要利害關係人的重要性。

基本上，轉型涉及從技術團隊的存在是為了服務公司事業的先前模式，轉變為技術團隊的存在是為了以對公司事業有效益的方式服務顧客。明確地說，這意味著從「惟命是從」模式轉變為「通力合作」模式。

舊模式令多數利害關係人感到沮喪，因此他們至少願意嘗試轉型，但有些利害關係人可能對失去控管感到不滿。產品領導者和產品經理必須對這問題保持敏銳。

在產品團隊有勝任稱職的產品經理可以做他們必須做的事情之前，產品領導者不應該倉促變革。一旦勝任稱職的產品經理就緒，可能需要公司高階領導層的積極支持，幫助利害關係人歷經變革，轉變為通力合作模式。

千萬別粉飾或漠視這個問題，因為這涉及了深層的變革。

9. 持續傳播轉型結果

這又是產品領導者的另一項職責——持續福音傳播，他們必須宣傳產品願景、產品策略、聚焦於結果的重要性，以及更廣大的產品模式轉型。

產品願景是整個組織的工作，以及團結努力的抱負與動機。產品策略非常重要，而且必須宣傳，因為產品策略為將做什麼和不做什麼提供透明化的理由說明與證據。

產品團隊為他們被指派解決的問題進行產品探索工作，每週從中獲得學習，他們必須坦誠地分享這些學習心得及洞察，讓全公司能了解這些學習是如何發生的、創新來自何處、交付事業結果相對於只是交付功能及專案有何不同。

10. 企業勇氣

無疑地，成功轉型相當有難度，我們希望這張清單有助於說明為什麼，以及需要處理哪些層面才有望成功。

但是，這張清單還需要一個項目才能完成：我們所知道的每一個成功轉型案例都需要來自高階主管及其他高階領導者的勇氣。

轉型為一個徹底不同的模式，尤其是在現行模式已行不通的處境下，這需要信念上的大躍進，而大躍進需要勇氣。最高層領導者推動轉型的這份勇氣往往未獲得讚揚與肯定（儘管股市對這些公司給予了非常好的報酬），但我們也認識更多的高階領導者沒有這份勇氣，也不願意採取行動去幫助公司生存與繁榮。

我們希望這十大要素清單能幫助你更深切了解，為了成功、有效地使你的公司轉型為產品模式，需要這些人共同努力。

深入閱讀｜我能做什麼？

我們知道，一家公司裡最早閱讀本書的人很可能是個人貢獻者或產品領導者。你可能很清楚你的公司迫切需要變革，但你可能覺得自己好像只是在對空氣吶喊。

是的，想成功轉型為產品模式，你的確需要公司或至少事業單位領導者積極地協助與支持。

我們希望有更多公司執行長閱讀本書，但仍然有一些你能做的事，哪怕你只是一個個人貢獻者。以下是我們的建議：

1. 跟產品團隊的其他人談談，看他們是否贊同你認為必須轉型的看法。如果只有你認為應該轉型為產品模式，那麼你首先要做的是嘗試說服你的團隊，幫助他們了解產品模式的好處。

2. 一旦他們跟你站在同一陣線，先聚焦在升級本書敘述產品模式所需的技能水準。最起碼，學習這些新技能可以幫助你們的職涯發展。

3. 一旦你們覺得自己具備一些新技能，想要落實這些新技能的話，去找你們的經理，詢問公司是否願意讓你們這個產品團隊在接下來一季或兩季作為新工作模式的先導試驗團隊。

4. 建議你們先聚焦在改變打造模式，以及改變解決問題的方式。

5. 如果實驗結果很不錯，就有機會推廣這模式。如果實驗結果不理想，風險也僅限於你們的產品團隊。

第49章

創新故事：Trainline

馬提評註：你已經在前文中看到，Trainline 產品領導階層建立了堅實的產品組織，能夠一致地推出該公司需要的產品創新。在他們發揮技能的所有案例中，我最喜愛這個例子，你可以看到每個產品模式職能和產品模型概念在解決棘手問題時的實際效果，這些解決方案為該公司的顧客、鐵路運輸事業夥伴及該公司創造顯著價值。這故事中敘述的產品創新水準媲美我在舉世聞名的科技產品公司看到的創新水準。

公司背景

歷經本書第 5 篇敘述的轉型之後，Trainline 現在具有優秀的工程、產品管理、產品設計等能力，還有堅實的產品願景及產品策略。該公司在資料科學方面作出的投資也開始獲得回報。

Trainline 已經打造出有效的實時火車位置與狀態資訊服務、估計月台離站時間、個人化列車中斷或受阻通知服務、尋找較不擁擠車廂服務，這些全都成功實現其產品願景。

但是，他們有一個持續存在而令顧客沮喪與關切的重大問題是：
訂價。

需要解決的問題

從早期階段就能清楚看出，顧客認知的火車票費用阻礙了 Trainline
吸引更多顧客的能力。顧客一再告訴他們：「車票太貴了！」

相反地，鐵路運輸業者反擊說這根本不是事實，事實是，每條路
線的車票以極低廉價格出售。Trainline 了解，這明顯的分歧是進一步
得出優異創新的潛在機會，但因為涉及數百萬種潛在的旅程可能性，
這創新也將需要大量工作。

還有一個問題是表面上 Trainline 無法控管的：顧客在 Trainline 應
用程式上執行搜尋的那一刻，Trainline 才會實時地收到車票訂價。那
當下，操作者的應用程式介面才會顯露自己的旅程票價。

不過，Trainline 資料科學主管堅信，這是一個值得研究調查的重
要問題。

找到解決方案

Trainline 團隊獲得了另一個很獨特的洞察：沒錯，火車票的確便
宜，但不如大部分顧客所希望或需要的那般便宜到令他們實際購買。

該團隊起初只使用較小的資料集，接著大規模地驗證結論，證實
票價跟收益無關，而是跟距離出發的天數直接有關：較早購買就有可
能買到較便宜的票，較晚購買（離預定出發日期的兩週內）票價較貴，
而且這票價差距有時令人瞠目結舌。鐵路運輸業雖大聲宣傳最低票價，

但絕大多數顧客必須支付的票價明顯更高。

該團隊也發現，沒有證據顯示有智慧收益管理或自動化最後一分鐘的存票出清廉售。這是很重要的洞察，也是潛在的勝利機會。該團隊現在能夠了解，提早購買任何一條路線的車票可以節省多少錢。現在的問題是：如何找到方法實時地向顧客展示這資訊，幫助他們更明智地選擇省錢方案？

機會雖很明顯，可營利性風險也相當大。Trainline 所屬一個龐大產業中持續成長中的公司，其鐵路運輸事業夥伴攸關他們的使命，Trainline 如果大聲喊出自己的新能力，極有可能導致該公司仰賴的那些事業夥伴遠離他們。

這解決方案將有足夠的價值及可用性，能夠促使真實世界的消費者改變行為嗎？ Trainline 能夠正確地擴展解決方案的規模嗎？在那麼多的資訊內建行動裝置之下，該公司能夠設計出合理的體驗嗎？

但最重要的疑問是，Trainline 是否能夠推出新的、但不驚動鐵路公司這個事業夥伴的解決方案。這是最有可能發生的問題，如果展示了不正確的票價，可能導致公司的售票業務執照被立即撤銷。光是這一點，在產品探索階段就已經邀請包括執行長在內的高階主管團隊參與有關於可營利性（商業可行性）的討論。

負責資料探索的資料科學家現在也加入行動應用程式打造團隊，參與全方位的產品探索工作。他們首先處理價值風險，產品團隊用硬編程（hard-coded，寫死）的方式打造了一小片的解決方案，對一些挑選的火車路線進行實時測試。即時資料原型獲得一致的正面評價，這個應用程式真的能幫助顧客省錢、顧客很喜愛，這回饋令產品團隊信

心大增。

為了符合顧客對優質行動體驗的期待，產品團隊決定把解決方案打造成 Trainline 行動應用程式特有的功能。這直接反映了公司的產品願景，並且強烈支持其產品策略。他們有非常優秀的設計團隊，再加上密集迭代，以及打造與測試使用者原型，可用性方面不太可能構成威脅，但仍然存在更大的風險：技術可行性和商業可行性（可營利性）。

正確性很重要，亦即展示正確票價，這是一個複雜的大數據問題，就算對優秀的團隊也是一大挑戰。Trainline 產品團隊訂定最低門檻為接近滿分 10 分的 9 分──不可以讓 Trainline 有被撤銷售票業務執照的風險，他們非常勤奮努力地在 AWS 雲端服務上快速、有效地擴展規模，他們做到極高正確度的能力不斷提升。

還剩下一個重大風險：可營利性。雖然 Trainline 推出新的解決方案時並不需要取得事業夥伴的正式批准，但產品團隊、公司高階主管及董事會全都不想引發產業界強烈反彈，尤其是當時很接近該公司的IPO。

最起碼，如果公開英國火車票背後的訂價策略將引發爭議。Trainline 可以證明新解決方案能為顧客省錢，但基於該公司目前的高市場占有率，公司領導者反而開始擔心為顧客省錢的新解決方案推出之後，可能會導致整個產業的淨營收下滑。

他們需要大規模的實時資料，必須倚重他們的小型、但很專業的營運團隊。這支營運團隊成員花了多年的時間跟產業裡的事業夥伴發展出密切的合作關係。沒有這些人的協助，這次行動很可能注定失敗。

營運團隊的成員很興奮、也很緊張，他們建議先把注意力聚焦於少數對於數位前景有所期待的事業夥伴。這工作既細膩又複雜，許多事業夥伴拒絕，長久以來的失望令他們認為這是產業新貴的又一次干預。最終，有一個事業夥伴同意進行一次實時測試，Trainline 團隊有機會靜悄悄地推出新解決方案，觀察即時資料呈現的測試情況。

結果

結論非常正面，一如預期，大批彈性提高的顧客開始更早購買車票來省錢，他們對火車的使用量也因此增加。Trainline 產品團隊仔細檢視資料，確認更多乘客所創造的營收增額高於票價較低導致的營收減額。

省錢的顧客欣喜若狂，測試顯示這個解決方案非常成功，Trainline 產品團隊除了為公司成員提供更明確的效益證據可支持進一步推廣這個解決方案（但仍然審慎為之），還創造了又一次免費的媒體正面報導。

這個解決方案的發布直接切入 Trainline 的使命：藉由提供可得的最便宜票價，推動碳排量較低的交通解決方案。這也為該公司的行銷團隊提供有利的新宣傳機會，展示 Trainline 是產業內一枝獨秀的創新者。各種行銷活動既適時（因為 Trainline 即將公開上市）又高效，全國媒體紛紛報導，愈來愈多的科技網站經常在他們的每日新聞報導中提及 Trainline。

在內部，這次成功又為該公司注入一股信心。不斷增加的解決方案清單反映了 Trainline 堅實且愈趨成熟的技術文化，其價格預測工具

是最新的例證。

　　一個接一個的發布，Trainline 創造了明顯的遞增價值——不僅為顧客及公司事業創造價值，也為公司股東創造價值，適時地推升公司 IPO 的熱度。

學習更多

實體書的限制之一是，一旦付梓就無法更新。但我們知道，我們將會繼續收到新的疑問、遭遇新的異議。如果你的疑問本書沒有討論到，請參見我們為本書建立的持續更新疑問庫：https://svpg.com/transformed-fag。

SVPG 網站（https://svpg.com/）設計成一個免費、開放的資源，我們在網站上分享我們的最新思想、學習及採行產品模式的公司例子。

SVPG 也為想要學習如何以產品模式運營的產品經理、產品團隊、產品領導者及公司高階主管舉辦線上或線下研習營，參見：https://svpg.com/workshops/。

公司如果認為技術與產品組織需要大幅推動轉型，以生產出具有競爭力的技術驅動型產品，我們也提供量身打造的到場輔導。

致謝

本書是 SVPG 合夥人過去二十多年間幫助公司轉型為產品模式所吸取到的經驗教訓，但我們能夠親自輔導的公司有限，所以我們想就由本書來分享所學知識。

前文也說過，本書內容沒有一個是我們發明的，我們只不過是分享各自在頂尖產品公司中奏效的運作方式，並說明其他人如何採用這些原則和行為。

本書的很多內容受益於全球的產品圈。我們發表文章、在研討會上演講、舉辦網路研討會與研習營時，我們測試自己撰寫的許多方法及案例研究，人們總是不吝提供回饋意見，也有許多人向我們提出更多的疑問。本書中的很多內容就是由這些互動所啟發。

雖然，我們撰寫的很多內容是受到產品圈的啟發，但我們也很努力地確保盡自己最大所能去解釋種種概念，在這方面我們仰賴一群專業評論者。在此深切地感謝尚恩・波伊爾、麥特・布朗、蓋比・畢爾佛（Gabi Bufrem）、菲利浦・卡斯楚、施瑞雅斯・道許、麥克・費雪、查克・蓋格（Chuck Geiger）、史黛西・藍格、蜜雪兒・朗邁爾（Michele

Longmire）及亞歷克斯・普斯蘭（Alex Pressland），他們每一個人都在本書中留下他們的印記。

我們也感謝讓我們在本書中介紹他們的產品教練：蓋比・畢爾佛、荷普・葛里昂、瑪格麗特・賀倫朵納、史黛西・藍格、瑪莉莉・尼卡、菲爾・泰瑞及佩特拉・威利。

馬提要在此重申，如果沒有我的 SVPG 合夥人，不可能成就本書：莉雅・希克曼、克里斯提安・艾迪奧迪、克里斯・瓊斯（Chris Jones）、瑪蒂娜・羅琛科及喬恩・莫（Jon Moo）。他們每一個人在本書中貢獻他們的原著內容及無數建議。我也必須在此特別感謝克里斯・瓊斯，他一步一步地陪伴及協助我，是我著述過程中不可或缺的要角。我也要感謝我的長期編輯彼得・伊康密（Peter Economy）和 John Wiley & Sons 出版團隊。最後，感謝林恩（Lynn）在截至目前四本著作的撰寫過程中提供愛與支持。

藍學堂

學習・奇趣・輕鬆讀